DIE NAHAUFNAHME

LEITFADEN FÜR DIE MAKROPHOTOGRAPHIE IN WISSENSCHAFT UND TECHNIK

VON

HANS-HENNING HEUNERT

MIT 121 ABBILDUNGEN

SPRINGER-VERLAG

BERLIN · GÖTTINGEN · HEIDELBERG

1954

ISBN-13: 978-3-642-48453-7   e-ISBN-13: 978-3-642-86317-2
DOI: 10.1007/978-3-642-86317-2

ZEICHNUNG: G. NOACK, HAMBURG

BRÜHLSCHE UNIVERSITÄTSDRUCKEREI GIESSEN

Geleitwort.

Die Makrophotographie ist in der modernen Naturwissenschaft und Technik dank ihrer Fortschritte und Entwicklung zu einem wesentlichen Hilfsmittel der morphologischen Arbeitsmethode geworden und nicht mehr zu entbehren. Wort und Bild sind die Mittel der Darstellung und das Bild kommt dem morphologischen Bedürfnis des Lesers entgegen. Das vorliegende Buch der Makrophotographie ist Handbuch im besten und eigentlichen Sinne des Wortes. Durch seinen übersichtlichen Aufbau und durch die überreiche Fülle seiner Ratschläge für phototechnische Arbeiten auf den verschiedensten Gebieten ist es bereits ein unersetzlicher Ratgeber in der Makrophotographie für jeden auf diesem Gebiet Arbeitenden geworden, für den Erfahrenen wie für den Ungeübten. Während seiner Bearbeitung hat es bereits in den Instituten durch seine phototechnischen Ergebnisse seine Probe bestanden. Das Buch stützt sich bei seiner Darstellung der Materie in erster Linie auf die Aufnahme selbst und erhält dadurch seinen besonderen Wert. Unter den Aufnahmen aus dem biologischen Arbeitsbereich sind einige Erstaufnahmen solcher Objekte, die bisher photographisch nicht angestellt werden konnten. Die photographische Materie des Buches umfaßt die Darstellungsmöglichkeiten der Objekte im Bereich von 1 m bis zur Mikroaufnahme. Das Buch wird auch von besonderem Nutzen für die Materialprüfung in der Technik sein. Mit seiner Herausgabe wird eine bisherige sehr spürbar gewesene Lücke in der Reihe der Werke von phototechnischen Ratgebern geschlossen. Im II. Teil wird die Verarbeitung des photographisch gewonnenen Materials dargestellt.

Der Autor steht in der ersten Reihe der Lehrer und Forscher dieser Materie. Er hat uns mit seiner Veröffentlichung der normalen regelgültig darstellbaren Arbeitsmethoden in der wissenschaftlich-technischen Photographie ein Buch gegeben, das dem Fortschritt in Wissenschaft, Forschung und Lehre dienen soll.

Dr. med. habil. HELLMUTH BANIECKI.

Vorwort.

Mein Bestreben ist es, mit dem vorliegenden Buch eine Lücke in den bisher erschienenen Veröffentlichungen über die wissenschaftliche Photographie zu schließen. In den Arbeiten über mikroskopische und allgemein-photographische Aufnahmetechniken wurde die Makrophotographie im allgemeinen nur am Rande gestreift, obwohl sie aus der Wissenschaft und der Technik heute gar nicht mehr fortzudenken ist. Die Arbeitsmethoden der Makrophotographie sind jedoch so zahlreich und unterschiedlich, daß ich es für gegeben hielt, sie in übersichtlicher Form mit ihren Besonderheiten anschaulich zu beschreiben. Mit der Vermittlung der Erfahrungen, die ich in meiner vielseitigen Tätigkeit gerade auf diesem Gebiet sammeln konnte, glaube ich, nicht nur dem Anfänger, sondern auch dem Praktiker Neues und Förderndes sagen zu können. Die Illustration soll das Wort mit praktischem Beispiel begleiten und einen Eindruck von der Vielzahl der Objektarten und unterschiedlichen Arbeitsmethoden vermitteln.

An dieser Stelle möchte ich es nicht versäumen, all denen, die mich bei dieser Arbeit mit Rat und Tat unterstützt haben, meinen herzlichsten Dank auszusprechen — besonders meinen engsten Mitarbeitern: meiner Frau HEDI HEUNERT, die an den Arbeiten des zweiten Teiles dieses Buches großen Anteil hat sowie alle Aufnahmen ausarbeitete, meiner wissenschaftlichen Sekretärin INGRID VOSS und dem Graphiker GERHARD NOACK, der mit seinen aufgelockerten Zeichnungen der Illustration eine besondere Note gibt.

Was die Zeichnungen betrifft, so glaube ich, dem Leser eine besondere Aufklärung schuldig zu sein, denn im Kapitel „Makroaufnahmen für systematische Zwecke" bekenne ich mich als eifriger Verfechter der photographischen Darstellung gegenüber der zeichnerischen. Bei den Zeichnungen dieses Buches handelt es sich vorwiegend um die Abbildung von Apparaten, die selbstverständlich auch photographisch hätten gelöst werden können. Doch gibt es so viele Nahaufnahmegeräte auf dem Markt, daß es mir nicht möglich gewesen wäre, alle zu zeigen. So habe ich mich entschlossen, in Form von Handskizzen nur die grundlegenden Apparatetypen zu demonstrieren. Andererseits hat mich die oft recht eigenwillige Darstellungsart GERHARD NOACKs gereizt, die zweifellos in der zeichnerischen Illustration wissenschaftlicher Bücher eigene Wege geht.

Der Verfasser.

Inhaltsverzeichnis.

Teil I.

Teil II.

I. Einführung.

1. Die Makrophotographie, ein umfangreiches Spezialgebiet in der wissenschaftlich-technischen Photographie.

Bisher ist die Makrophotographie nur in kurzen, auf wenige Arbeitsmethoden abgestimmten Aufsätzen behandelt worden. Allgemein wurde sie am Rande der Mikrophotographie erwähnt, obwohl sie eine grundlegend andere Technik erfordert. So bezeichnete man auch die makroskopische Apparatur früher als das „Einfache Mikroskop“, im Gegensatz zu dem zusammengesetzten, dem eigentlichen Mikroskop in der Kombination von Objektiv und Okular. Nicht nur wegen der Verschiedenheit der beiden Aufnahmegebiete, sondern hauptsächlich wegen des Umfanges der vielen Arbeitsmethoden in der Makrophotographie soll dieser photographische Sektor einmal gesondert und eingehend behandelt werden.

Man kann heute das Gebiet der Makrophotographie als festumrissenes Spezialgebiet betrachten, das aus der Forschung sowie der Industrie nicht mehr fortzudenken ist. In allen wissenschaftlichen Arbeitsbereichen, speziell in den naturwissenschaftlichen und medizinischen, bedient man sich immer mehr dieser Aufnahmetechnik, zumal da, wo früher die Zeichnung das einzige bildlichdarstellende Mittel war. „Photographie statt Zeichnung“ war lange Zeit ein umstrittenes Problem, doch heute hat sich die sehr viel objektivere Wiedergabe der Photographie bereits stark durchgesetzt und beherrscht vorwiegend die Illustration im Vortrag und Lehrbuch.

Große Bedeutung hat die Makrophotographie aber auch in der Industrie gewonnen, deren Fertigungs- und Werkstoffkontrolle neben den mechanischen Prüfverfahren ganz auf die mikro- und makroskopische Untersuchungsmethode gestützt ist.

Bevor mit der Beschreibung der einzelnen Arbeitsmethoden begonnen wird, ist es erforderlich, das Gebiet der Makrophotographie einmal fest zu umreißen. — Die Trennung der einzelnen photographischen Aufnahmegebiete stützt sich neben den jeweils verschiedenen apparativen Hilfsmitteln auf die unterschiedlichen Abbildungsmaßstäbe. So grenzt der Makrobereich bei einer Vergrößerung von 30 : 1 nach unten an die Mikrophotographie. Wenn auch mit dem Mikroskop eine schwächere Vergrößerung als 30 : 1 zu erreichen ist, so ist diese, wie wir später erfahren werden, photographisch-qualitativ nicht so gut wie die makroskopische. Nach oben wird der Makrobreich bei einem Abbildungsmaßstab von 1 : 1 von der normalen Nahaufnahme begrenzt. Doch hier finden wir keine so scharfe Begrenzung wie zur Mikroskopie (was durch die optischen Hilfsmittel bedingt ist), sondern es besteht ein kontinuierlicher Übergang vom makroskopischen Bereich in den der Nahaufnahme. So finden auch in diesem Buch einige Gebiete der Nahaufnahme Berücksichtigung, obwohl für sie die übliche Kamera mit normaler Optik zur Anwendung kommt, die aber in ihren Arbeitsweisen denen der Makrophotographie sehr gleich sind.

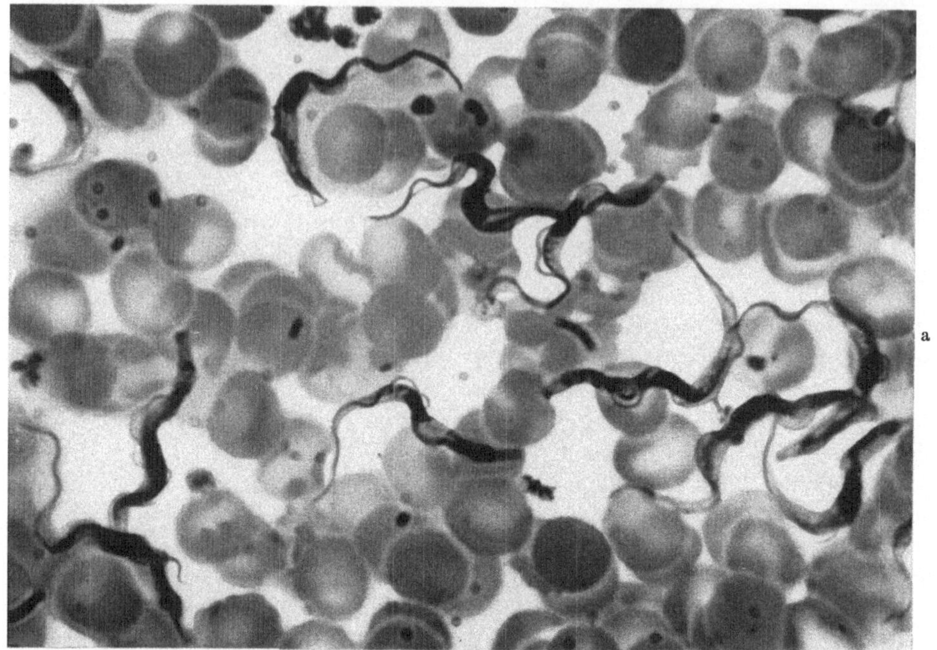

Abb. 1 a u. c. Darstellung der vier photographischen Aufnahmebereiche: a) *Mikroaufnahme*, Abbildungsbereich über 30:1 (Trypanosomen, Erreger der Schlafkrankheit, Apo Öl 90/1,40, Ok. Per. 12 ×). c) *Nahaufnahme*, Abbildungsbereich zwischen 1:1 und ca. 1:10 (Kopf einer Schildkröte, Xenon 12,5 cm, Balgeneinstellgerät).

b

d

Abb. 1 b u. d. Darstellung der vier photographischen Aufnahmebereiche: b) *Makroaufnahme*, Abbildungsbereich zwischen 30:1 und 1:1 (Kopf einer Springspinne, Vergr. 25×, Summar 35 mm). d)*Normalaufnahme*, Abbildungsbereich unter 1:10 (Schierling am Wiesenrand, Rolleiflex, Tessar 7,5 cm).

1*

Gerade der Aufnahmebereich zwischen 30:1 und 1:1 bietet uns vielerlei apparative und aufnahmetechnische Möglichkeiten — aber auch gelegentliche

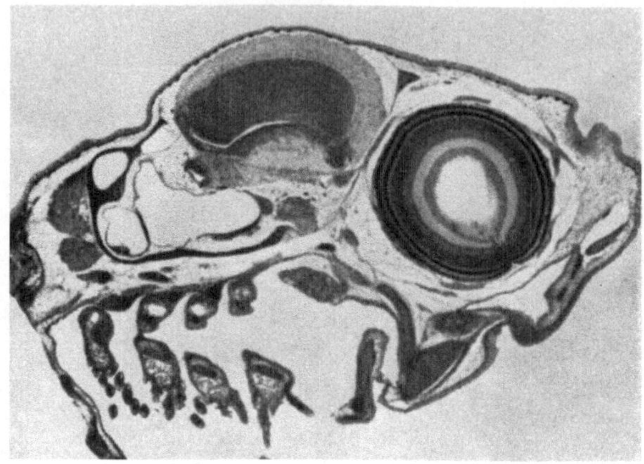

Abb. 2a.

Schwierigkeiten —, so daß durch eine reichhaltige Unterteilung der einzelnen Methoden ein übersichtliches Bild entsteht und sehr schnell eine passende Untersuchungs- und Aufnahmeart für ein bestimmtes Objekt gefunden werden kann.

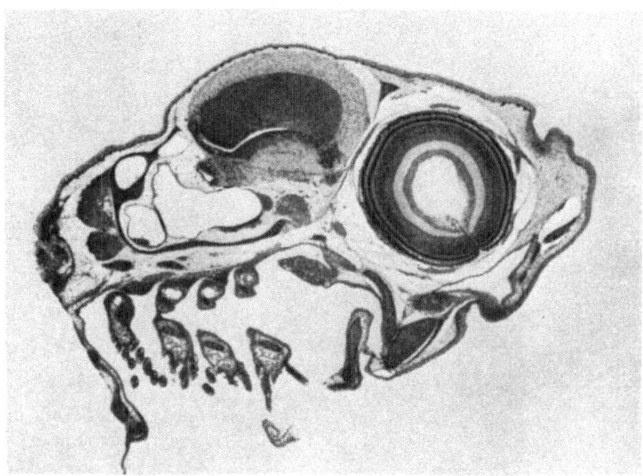

Abb. 2b.

Abb. 2a u. b. Vergleich einer Mikro- und Makroaufnahme bei 10 facher Vergrößerung. a) Mikroaufnahme, Objektiv 2,5. Okular 4 ×. Die photographische Qualität einer Mikroaufnahme unter 30 facher Vergrößerung ist nicht zufriedenstellend. b) Das gleiche Präparat in der Makroaufnahme (Summar 42 mm) zeigt mehr Schärfe und Kontrast. (Schnitt durch eine Forellenlarve.)

2. Makroskopische Aufnahmemethoden und ihre Bildgestaltung.

Es würde zu weit führen, sämtliche makroskopischen Objektarten und ihre Untersuchungsmethoden, wie sie in der Forschung oder der Industriekontrolle vorkommen, einzeln aufzuzählen. Um aber eine übersichtliche Gliederung zu finden, wurden die folgenden Kapitel nach den verschiedenen Arbeitstechniken aufgeteilt. Bestimmend hierfür war die Beleuchtungsart. Wie in der Mikroskopie, so finden wir auch in der Makrophotographie zwei grundlegende Beleuchtungssysteme: die Durchlichtbeleuchtung, d. h. die Durchleuchtung transparenter Objekte, und die Auflichtbeleuchtung. Mehr noch als in der Mikro-

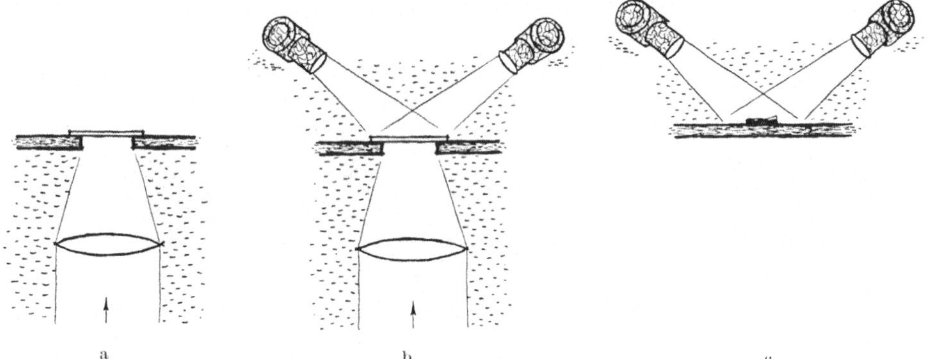

Abb. 3 a—c. Schematische Darstellung der Beleuchtungsarten in der Makrophotographie. a) Durchlicht. b) Durchlicht und Auflicht kombiniert. c) Auflicht.

photographie kommt auch die Kombination beider Beleuchtungsarten zur Anwendung. Das sehr große Gebiet der Makrophotographie im Auflicht mußte außerdem unterteilt werden: in Aufnahmen von unbeweglichen und beweglichen Objekten. In diese drei großen Gruppen, die wiederum in die Objektarten gegliedert sind, lassen sich leicht die zur Untersuchung anfallenden Materialien einordnen. Um unnütze Wiederholungen zu vermeiden, sind vorweg die in der Makrophotographie zur Anwendung kommenden Aufnahmegeräte erklärt.

Bevor zum praktischen Teil übergegangen wird, ist es zweckmäßig, einige Worte zur Bildgestaltung zu sagen. Vielleicht mag es der eine oder andere für überflüssig halten, in der wissenschaftlichen Photographie mit bildgestalterischen Mitteln zu arbeiten, und doch muß jeder bestätigen, daß die Wirkung eines Bildes und seine Einprägsamkeit von großer Bedeutung sind. Beide hängen sie hauptsächlich vom Bildaufbau ab. Die einzige Ausnahme stellt die Abbildung für systematische Zwecke dar. Sie ist eben an die Systematik, das Vergleichende — Ordnende — Sachliche gebunden. Hier kommt es nicht auf die Wirksamkeit des Bildes als solches an, sondern auf die absolut klare, nüchterne Darstellung des Wesentlichen.

Abb. 4. Bei der Makroaufnahme für systematische Zwecke ist nur das Sachliche von Bedeutung. Hauptforderungen sind: neutraler Untergrund, schattenlose Ausleuchtung, symmetrischer Bildaufbau.

Die Aufnahme zur Diagnose und Dokumentation fordert auch noch das
Nüchtern-Sachliche, doch ist hier schon das Bildhaft-Wirkende von großer
Bedeutung. Natürlich läßt sich eine wissenschaftliche Aufnahme nicht so gestalten wie z. B. eine Landschafts- oder gar Porträtaufnahme. Während der
eigentlichen Aufnahme entscheidet selbstverständlich nur das Sachlich-Zweckmäßige, doch läßt sich bei der Herstellung des Positivs die darstellerische
Wirkung vielfach beeinflussen. Sie ist, gleich der künstlerischen Darstellung,

Abb. 5. Auch in der wissenschaftlichen Photographie muß auf Bildgestaltung geachtet werden. Obwohl hier das
Objekt genau in der Mitte des Bildes sitzt, ist die Abbildung durch die Pflanze, deren Blatt gleichzeitig einen
ruhigen Untergrund für das Objekt gibt, doch recht lebhaft aufgeteilt. (Kleine Wolfspinne mit Eikokon.)

hauptsächlich Empfindungs- und Gefühlssache des Bildautors. Oft erhält ein
Bild schon eine anziehende Wirkung, wenn der Blickpunkt bzw. das Wesentliche des Bildinhaltes von der Mitte, in der es meist zu finden ist, etwas
seitlich verlagert wird. Der Schwerpunkt eines Bildes soll also immer, sofern es
sich nicht um ein symmetrisches Objekt handelt, außerhalb des Bildmittelpunktes
liegen, das Bild also immer ungefähr $\frac{1}{3}$ zu $\frac{2}{3}$ in Höhe und Breite aufgeteilt sein.
Auch gewisse Beleuchtungseffekte, sofern sie das Objekt zulassen, führen zu einer
Auflockerung des Bildes. In der biologischen Lehrbildserie für Schulzwecke
z. B. spielt diese Bildgestaltung eine außerordentlich große Rolle. Nicht nur,
daß man sich über den Zweck der Aufnahme im klaren sein soll, nein, auch auf
die Wirksamkeit des Bildes kommt es an. So muß z. B. eine Spinne oder eine
Kröte, vor denen viele ein Grauen haben, so interessant und wirkungsvoll aufgenommen sein, daß sie die Sympathie des Betrachters erwecken. Man kann im
Unterricht, aber auch im Vortrag immer wieder feststellen, daß einige Bilder bis
in die Einzelheiten im Gedächtnis aufgenommen und festgehalten werden, andere

dagegen mit nicht weniger interessantem und wichtigem Inhalt schnell dem Gedächtnis verlorengehen, also ihre Wirkung verfehlt haben.

Die bildliche Darstellung ist Gesetzen unterworfen, die zweifellos auch für die Wiedergabe in der wissenschaftlichen Photographie ausschlaggebend sind. Man braucht nur einmal mit etwas Bewußtsein an die Aufnahme heranzugehen und nicht nur mechanisch zu arbeiten, so wird man die Bedeutung der Bildgestaltung bald bestätigt finden.

3. Grundlegende apparative Fragen.

Bevor die verschiedenen Aufnahmemethoden beschrieben werden, ist es erforderlich, die einzelnen Apparatetypen, welche in der Makrophotographie zur Anwendung kommen, in ihren Konstruktionsmerkmalen zu erläutern. Es ist natürlich nicht möglich, auf die einzelnen Fabrikate einzugehen, doch sollte es keine Schwierigkeit sein, nach der Beschreibung der verschiedenen makrophotographischen Einrichtungen sich die entsprechende Kamera für das jeweilige Arbeitsgebiet zu wählen. Bei dieser Wahl ist grundsätzlich die hochwertige Kamera zu empfehlen, da es in den bereits genannten Abbildungsbereichen auf höchste Präzision ankommt bei gleichzeitiger Strapazierfähigkeit der Apparatur.

a) Die Vertikalkamera.

Viele Arbeiten der im folgenden Teil aufgeführten Aufnahmegebiete lassen sich mit der Vertikalkamera ausführen. Sie stellt den einfachsten Typ der Makrokamera dar.

Der allgemeine Aufbau dieser Kamera ist bei den einzelnen Fabrikationstypen stets gleich. Nur kleine Abweichungen in Form und Größe unterscheiden sie voneinander. Ihr Grundaufbau sei aus nachfolgender Zeichnung ersichtlich.

Ein schweres Grundbrett trägt eine stabile Vertikalsäule, an der eine Balgenkamera befestigt ist. Diese Einrichtungen gibt es in den Ausführungen für die Negativformate 9 × 12 cm und Kleinbild. In der modernen Photographie bedeutet die Formatfrage praktisch kein Problem mehr. Die Qualität der Kleinbild-Emulsion ist heute so vorzüglich, daß ein Güteunterschied zwischen groß- und kleinformatigen Aufnahmen nicht mehr besteht. Wann die Wahl auf eine großformatige bzw. kleinformatige Kamera trifft, entscheidet eigentlich nur

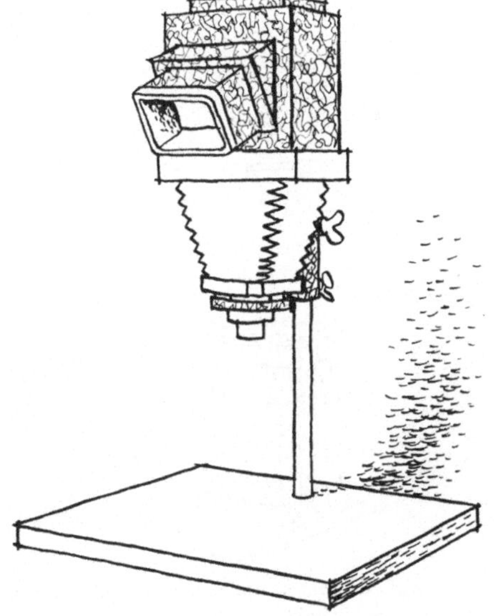

Abb. 6. Grundaufbau der Vertikalkamera mit Grundbrett, Säule und Balgenkamera. Ein Spiegelreflexaufsatz erleichtert die Einstellung des Bildes.

noch das Arbeitsgebiet oder besser gesagt der Mengenanfall der Arbeit. So wird man das 9 × 12-Format da anwenden, wo nur gelegentlich Makroaufnahmen herzustellen sind, vorwiegend bei Aufnahmen von unbeweglichen Objekten. Das Kleinbildverfahren hat dagegen den Vorzug, daß es in seiner Arbeitsweise rationeller und weniger umständlich ist, also billiger und zeitsparender. Darum wird man es immer dort anwenden, wo laufend makroskopische Untersuchungen durchgeführt werden oder gar Serienarbeiten vorliegen. Außerdem ist die Kleinbildkamera das universelle Aufnahmegerät für bewegliche Objekte, da man mit ihr die kürzesten Belichtungszeiten erzielen kann.

Wichtig für jede Makrokamera ist das Vorhandensein eines Balgens, da von diesem neben der verwandten Objektivbrennweite weitgehend der Abbildungsmaßstab abhängig ist. Die Verwendung von Zwischenringen statt Balgenauszug zur Vergrößerung der Bildweite ist natürlich möglich, bedeutet aber nur einen Behelf. Da der kontinuierlich verstellbare Balgen ein sehr viel schnelleres und reibungsloseres Arbeiten gewährleistet, wird man ihn in der wissenschaftlichen Makrophotographie stets vorziehen. Die Anwendung von Zwischenringen bleibt also weitgehend der Amateurphotographie vorbehalten. Um den Abbildungsmaßstab von einer Vergrößerung zur anderen schnell variieren zu können, ist es vorteilhaft, mit Kamerabalgen zu arbeiten, die eine Auszugsfähigkeit bis zu 40—50 cm haben. Ein fest eingebautes Maßband oder eine Skaleneinteilung an der Gleitschiene ist zur schnellen Ermittlung der Balgenlänge und somit zur Errechnung des jeweiligen Abbildungsmaßstabes von großem Vorteil. Ebenfalls ist das Vorhandensein eines auf die Kamera aufsetzbaren Spiegelreflexansatzes eine große Erleichterung, da er das Mattscheibenbild in bequemer Höhe zeigt und ein Erklettern von Stühlen u. dgl. zur Scharfeinstellung unnötig macht. Weiterhin gewährleistet eine Zahntriebverstellung am unteren Balgenträger, der gleichzeitig den Kameraverschluß aufnimmt, eine schnelle und sichere Scharfstellung des makroskopischen Bildes. Über die optische Ausrüstung dieser Kameras orientiert ein gesondertes Kapitel: „Spezialobjektive für die Makrophotographie."

b) Die Makro-Dia-Einrichtung.

Für Makroaufnahmen im durchfallenden Licht wird zusätzlich zu der im vorigen Absatz beschriebenen Vertikalkamera eine Durchlichteinrichtung (Makro-Dia-Einrichtung) benötigt. Neben einfachen Vorrichtungen, bestehend aus einem durchbrochenen Auflagetisch zur Aufnahme der Präparate, einem darunterliegenden Spiegel und einer freistehen-

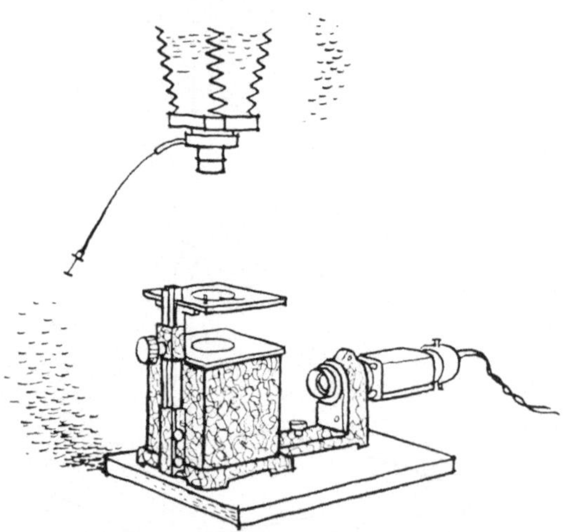

Abb. 7. Die Makro-Dia-Einrichtung als Hilfsmittel für Makroaufnahmen im durchfallenden Licht.

den Mikroskopierlampe, werden auch komplette Einrichtungen mit fest eingebauter Lichtquelle, in der Höhe verstellbarem Objekttisch und diversen Beleuchtungskondensoren hergestellt. Die einzelnen Kondensoren sind auf die Bildwinkel der verschiedenen Objektivbrennweiten abgestimmt und erlauben meist ein Ausleuchten von Objektfeldern von 8—80 mm Durchmesser. Diese kompletten Makro-Dia-Einrichtungen können mit wenigen Handgriffen unter jede Vertikalkamera gestellt werden und lassen somit ein schnelles Auswechseln bei Auf- und Durchlichtaufnahmen zu.

c) Die bewegliche Horizontalkamera.

Neben der bereits erwähnten Vertikalkamera, die vorwiegend starr und an einen festen Standort gebunden ist, werden in der Makrophotographie bewegliche Horizontalkameras benötigt. In diese Gruppe fallen praktisch alle normalen Kameras, die die Möglichkeit der Objektiv-Auswechslung haben und mit einem variablen Auszug versehen sind, als einfachste Modelle also alle 6 × 9- oder 9 × 12-Kameras mit doppeltem bzw. dreifachem Balgenauszug. Von grundsätzlicher

Abb. 8a.

Abb. 8b.

Abb. 8a u. b. Die grundlegenden Typen der Horizontalkamera: a) Als Kleinbildkamera mit Spiegelreflexansatz und Balgeneinstellgerät. Sie eignet sich am besten für Aufnahmen von lebenden Objekten. b) Einäugige Spiegelreflexkamera mit Zwischenringen. Letztere lassen nur starre Abbildungsmaßstäbe zu.

Wichtigkeit ist lediglich, daß es sich um gute stabile Apparaturen handelt, da sich schon die kleinsten Ungenauigkeiten, wie Lockerung der Kamerastandarte, der Balgenführung oder der Bodenplatte, die sich bei einfachen Typen nach längerem Gebrauch leicht einstellen, bei den starken Makro-Vergrößerungen auf die Bildschärfe negativ auswirken.

Weiterhin kommen alle einäugigen Spiegelreflexkameras sowie alle Kleinbildkameras in Betracht, die gleichfalls die Möglichkeit einer Objektiv-Auswechslung haben. Auch sie müssen selbstverständlich mit einem Vorsatzbalgen oder Zwischenringen ausgestattet sein. Doch sei an dieser Stelle darauf hingewiesen, daß die Verwendung von Zwischenringen die Arbeit erschwert und nur Aufnahmen in ganz bestimmten Abbildungsmaßstäben zuläßt.

Für Aufnahmen von unbeweglichen Objekten genügen die erstgenannten einfachen Balgenkameras; bewegliche Objekte sind dagegen am besten mit einer Spiegelreflexkamera zu erfassen, da diese es erlaubt, das Objekt bis unmittelbar zur Exponierung zu beobachten. Außerdem ist es von Vorteil, wenn diese Kameras mit einer reichhaltig gegliederten Verschlußzeiten-Einteilung zwischen den Zeiten $^1/_{100}$ und 1 sec versehen sind, da es bei Makroaufnahmen von beweglichen Objekten oft auf Ausnutzung der kürzestmöglichen Belichtungszeit ankommt.

Auf Einzelheiten über die Verwendbarkeit der verschiedenen Kameratypen wird in den jeweiligen Arbeitsgebieten noch näher eingegangen.

d) Kleinere Hilfsgeräte für die Nahaufnahme.

Für den Grenzbereich, in dem Nah- und Makroaufnahme vergrößerungs-
technisch ineinander übergehen, also um den Abbildungsmaßstab 1:1, gibt es in
der Kleinbildphotographie eine Vielzahl von Hilfsgeräten. Diese Zusatzeinrich-
tung, die meist aus Zwischenringen und Stäben (Spinnenbeingeräte) oder Vorsatz-
linsen bestehen, sind in ihrem praktischen Anwendungsmöglichkeiten natürlich
sehr beschränkt. Vorwiegend ist es mit ihrer Hilfe nur möglich, flache Objekte
auszunehmen, andererseits lassen sie nur konstante Abbildungsmaßstäbe zu.
Sie können also in der Makrophotographie wirklich nur als „Hilfs"-Geräte gelten.
geben aber immerhin dem Amateur die Möglichkeit. mit geringen Mitteln auch in
diesem Aufnahmebereich arbeiten zu können.

Ein sehr brauchbares Hilfsmittel ist dagegen das „optische Naheinstellgerät"
zur Leica. Es besteht aus einem Zwischenring mit Einstellschnecke, der zwischen
Kamera und Objektiv geschraubt wird. Die Vorrichtung der automatischen Entfernungseinstellung erlaubt die gleiche Handhabung wie zur normalen Aufnahme.
Der kleinste Objektabstand ist 44 cm. das kleinste Objektfeld 22 cm. Die Leica
in Verbindung mit dem optischen Naheinstellgerät eignet sich vorzüglich als
Tagebuch für den Biologen auf Reisen, Exkursionen u. dgl. Lohnende Objekte.
deren Mitnahme unmöglich ist, lassen sich schnell und einfach aus der freien
Hand photographieren und im Bild festhalten.

e) Stative für die Makrophotographie.

Da man durchschnittlich in der Makrophotographie nicht mit der Kamera aus
der Hand arbeitet, benötigt man für die Horizontalkamera ein gutes, stabiles
Stativ. Am besten haben sich die schweren Dreibein-Röhrenstative mit Schwenk-
kopf (Kinoneigekopf) bewährt. Alle kleineren Taschenstative sowie die üblichen
Kugelgelenkköpfe lassen meist in ihrer Festigkeit zu wünschen übrig. Bei den
in der Makrophotographie angewandten langen Balgenauszügen ist die Ausladung
der Kamera zu groß und bewirkt leicht ein Vibrieren der gesamten Aufnahme-
apparatur, wenn sie nicht auf einem äußerst stabilen Stativ angebracht ist.
Besonders zu empfehlen ist die Verwendung eines Kinoneigekopfes, da dieser eine
große Auflagefläche hat und damit die lange Kamera gut unterstützt. Außerdem
läßt er ein leichtes Mitgehen mit der Kamera bei Aufnahmen von beweglichen
Objekten zu. In Ausnahmefällen sind auch feste Tischstative vorteilhaft, die man
sich selbst oder nach seinen Angaben anfertigen läßt. Hierüber sei Näheres in dem
jeweiligen Arbeitsgebiet beschrieben.

f) Spezialobjektive für die Makrophotographie.

Im Gegensatz zur Nahaufnahme, die mit den normalen Photoobjektiven
hergestellt wird, werden für die Makroaufnahme spezielle Objektive benötigt.
Für die Objektivfrage ist es also erforderlich. die beiden Aufnahmebereiche zu
trennen, und zwar:

1. Nahaufnahme, in den Bereich der Verkleinerung von ca. 1:15 bis 1:1;
2. Makroaufnahme, in den Bereich der Vergrößerung von 1:1 bis 30:1.

Die Aufnahmen der ersten Gruppe können mit den normalen kurz- und langbrennweitigen Photoobjektiven hergestellt werden. Für die Makroaufnahmen

dagegen werden Spezialobjektive gebraucht, die Lupen- oder Makroobjektive genannt werden.

Der Grund für diese unterschiedliche Objektivwahl in den einzelnen Abbildungsbereichen liegt in der Konstruktion und Berechnung der verschiedenen Systeme. Die normalen Objektive sind für eine lange, bis ins Unendliche reichende Gegenstandsweite und eine kurze, der Brennweite angepaßten Bildweite berechnet. Sie werden bis zu einem Abbildungsmaßstab 1 : 1 in ihrer vollen Güte ausgenutzt. Bei Überschreiten dieser Grenze reicht das Auflösungsvermögen und die Tiefenschärfe dieser Objektive nicht mehr aus. Aus diesem Grunde hat man gesonderte Makroobjektive konstruiert, die durch ihre Berechnung eine besondere Qualität

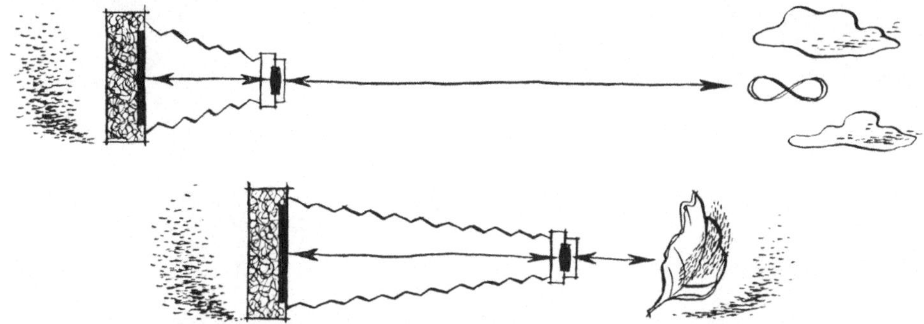

Abb. 9. Schematische Darstellung der unterschiedlichen Objekt- und Bildweiten bei Normal- und Makroaufnahmen. Die Normalaufnahme hat eine Objektweite, die bis ins Unendliche reicht, die Makroaufnahme dagegen hat nur eine von wenigen Zentimetern.

in dem vergrößernden Aufnahmebereich zeigen. Sie werden also den Anforderungen einer sehr kurzen Gegenstandsweite und einer relativ langen Bildweite gerecht. Selbstverständlich gibt es bei einigen Fabrikaten Ausnahmen. So lassen moderne hochwertige Normalobjektive schon Vergrößerungen bis ca. 5fach zu, doch sollte man über diesen Bereich hinaus grundsätzlich zu den Spezialobjektiven greifen. Über Bezeichnungen, Brennweiten, Objektausschnitte, Vergrößerungsbereiche, Tiefenschärfe u. dgl. geben diverse Maßstabstabellen am Schluß dieses Buches Auskunft.

g) Lichtquellen zur Ausleuchtung von Makroobjekten.

Die richtige Wahl der Lichtquelle zum Ausleuchten der Objekte ist in der Makrophotographie von ganz entscheidender Bedeutung. Meistens wird hierauf nur wenig geachtet, obwohl die Bildqualität vorwiegend von der richtigen Lichtführung abhängig ist.

Bei größeren Objekten, also im Bereich der Nahaufnahme, wird man mit Heimleuchten oder Spiegelreflektoren arbeiten. Wie später im praktischen Teil beschrieben wird, sind fast immer zwei Lampen erforderlich. Als Lichtquelle werden Nitraphot-Birnen in den Stärken von 250 bis 500 Watt benutzt. Diese Nitraphot-Birnen sind in ihrer spektralen Zusammensetzung den modernen panchromatischen Kunstlichtemulsionen angepaßt.

Hat man es mit sehr kleinen Objekten zu tun, so sind die vorgenannten Lampen nicht zu empfehlen, da sie ein relativ diffuses Licht geben und bei der geringen Größe der auszuleuchtenden Fläche nur zu einem Minimum ausgenutzt würden.

Hier ist die Verwendung von Niedervoltglühlampen in der Art der allgemein üblichen Mikroskopierlampen vorteilhaft. Diese Punktlichtlampen sind mit Vorsatzkollektoren ausgerüstet und lassen intensive Ausleuchtungen von Objektfeldern der Größen 100 mm bis 10 mm zu. Die Lichtquellen werden über einen Reguliertransformator bedient, der die Lichtstärke je nach Erfordernis kontinuierlich verändern läßt. Vorsetzbare Filterstative ermöglichen die im nachfolgenden praktischen Teil erwähnte mehrfarbige Ausleuchtung.

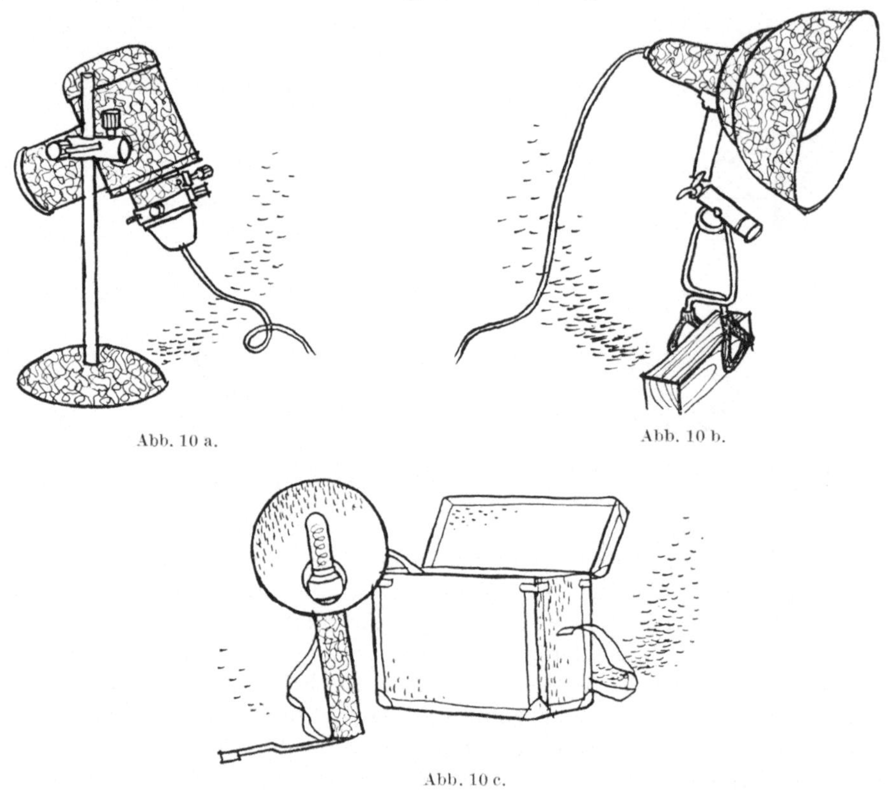

Abb. 10 a.

Abb. 10 b.

Abb. 10 c.

Abb. 10a—c. Die in der Makrophotographie zur Anwendung kommenden Lichtquellen: a) Kleine Objekte leuchtet man mit einer Mikroskopierlampe (Niedervoltlampe) mit verstellbarem Kollektor aus. b) Für größere Objekte wählt man Heimlampen mit Nitraphotbirnen. c) Bewegliche Objekte kann man am besten mit Blitzlicht erfassen.

Für Aufnahmen von beweglichen Objekten werden heute vorwiegend Blitzlichtgeräte verwandt. Hier sind natürlich die neuartigen Röhrenblitzgeräte den gewöhnlichen Kolbenblitzleuchten vorzuziehen, da sie bei einer kürzeren Abbrenndauer eine höhere Lichtintensität entwickeln. Außerdem sind sie auf die Dauer im Verbrauch bedeutend sparsamer. Bei sehr kleinen Objekten bereitet aber auch die Blitzlicht-Ausleuchtung einige Schwierigkeiten, da die Lampen keinen gerichteten Strahlengang besitzen und dadurch natürlich nur ein geringer Teil des Lichtvolumens ausgenutzt wird. Hier ist es erforderlich, mit mehreren Blitzeinrichtungen und zusätzlichem Kunstlicht zu arbeiten. Manchmal bleibt als einzige Lösung nur noch die Zuhilfenahme des Sonnenlichtes.

Bei Aufnahmen für systematische Zwecke wird man vorwiegend mit einer schattenlosen Ausleuchtung arbeiten. Zur Erzielung dieser Beleuchtungsart benötigt man eine Makro-Ringbeleuchtung. Sie besteht aus einem ringförmigen Lampengehäuse, in dem dicht an dicht kleine Niedervoltglühbirnen angebracht sind. Ihr Licht wird von allen Seiten gleichmäßig auf das Objekt geworfen und verhütet somit jede Schattenbildung auf Objekt und Untergrund. Diese Ringbeleuchtungen können in den meisten Fällen an den Gleitschienen der Vertikalkameras unterhalb der Kameras angebracht werden. Die Niedervoltglühbirnen werden über einen Transformator reguliert. Sie sind außerordentlich empfindlich und haben bei voll eingeschalteter Lichtstärke keine lange Lebensdauer. Darum stelle man die Lampen beim Einstellen des Bildes immer auf halbe Lichtintensität.

Über die richtige Anwendung der einzelnen Geräte berichtet der folgende Teil des Buches, der ausschließlich der Praxis gewidmet ist.

II. Aufnahmen von histologischen Präparaten und transparenten Objekten im durchfallenden Licht.

Makroaufnahmen im durchfallenden Licht werden mit den im vorigen Teil beschriebenen Vertikalkameras unter gleichzeitiger Zuhilfenahme der Makro-Dia-Einrichtung hergestellt. Als Lichtquelle benutzt man Niedervoltglühlampen. die in den Durchleuchtungseinrichtungen meist fest eingebaut sind und über einen Transformator in ihrer Helligkeit reguliert werden können. Die Beleuchtungslinsen der Makro-Dia-Einrichtung müssen je nach der verwandten Objektivbrennweite (Bezeichnungen sind an den Kondensoren) ausgewählt werden, um eine gleichmäßige Ausleuchtung des gesamten Objektfeldes zu erzielen.

Da es sich in diesem Arbeitsgebiet vorwiegend um Abbildungsmaßstäbe zwischen 1:1 und 30:1 handelt, werden die bereits erwähnten Makroobjektive verwandt. Durch die Begrenzung der Balgenauszuglänge (höchstens 55 cm) besteht auch eine Vergrößerungsbegrenzung für jedes Objektiv. deshalb müssen zur Bewältigung des vorgenannten Abbildungsbereiches verschiedene Objektivbrennweiten gewählt werden. Nachfolgend sind zwei Objektivreihen aufgeführt, die sich in der Praxis bewährt haben.

Die erste Objektivreihe ist nur dann zu empfehlen. wenn mit wenigen Vergrößerungsstufen gearbeitet wird. Für die Vergrößerungsgrenzen der einzelnen Objektive werden sehr lange bzw. kurze Balgenauszüge benötigt, die wiederum die Scharfeinstellung erschweren und zu erheblich langen Belichtungszeiten führen. Am günstigsten ist ohne Zweifel die zweite Objektivreihe, die ein gutes Variieren der Vergrößerungen bei normalen Balgenlängen von 25—40 cm zuläßt. (Vergrößerungstabellen befinden sich am Schluß des Buches.)

Tabelle 1.

1. Objektivreihe, deren Vergrößerungsbereiche sich jeweils begrenzen.

Brennweite in mm	Vergrößerungsbereich
120	1:1 — 3:1
50	3:1 — 10:1
20	10:1 — 30:1

2. Objektivreihe, deren Vergrößerungsbereiche sich jeweils überschneiden.

Brennweite in mm	Vergrößerungsbereich
120	1:1 — 2:1
80	2:1 — 5:1
50	5:1 — 9:1
30	9:1 — 15:1
20	15:1 — 30:1

1. Übersichtsaufnahmen von histologischen Schnitten.

Übersichtsaufnahmen von histologischen Präparaten, wie sie vorwiegend in der Pathologie gebraucht werden, bereiten arbeitsmäßig wenig Schwierigkeiten.

da ein entscheidender Faktor, der in der Makrophotographie sonst eine große Rolle spielt, weniger ins Gewicht fällt, nämlich die Tiefenschärfe. Durch die geringe Schichtdicke der Präparate ist ein stärkeres Abblenden nicht erforderlich, wodurch die volle Lichtintensität ausgenutzt werden kann, so daß man zu sehr kurzen Belichtungszeiten kommt.

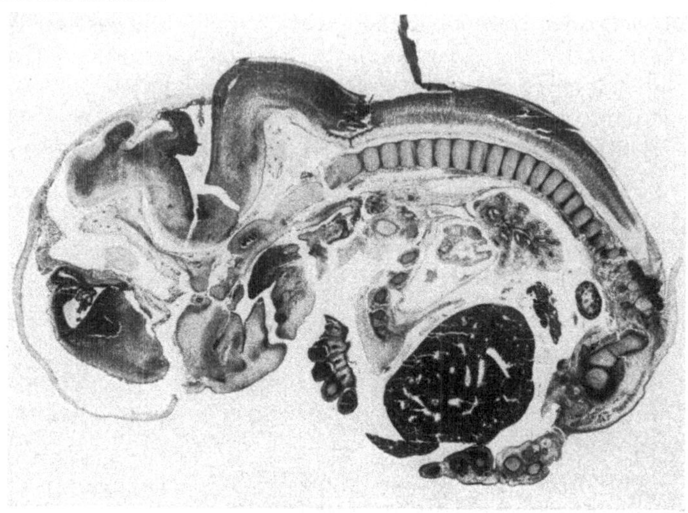

Abb. 11. Histologische Schnitte mit kräftiger Färbung bereiten bei der Aufnahme allgemein keine Schwierigkeiten. (Embryoschnitt, Milar 50 mm.)

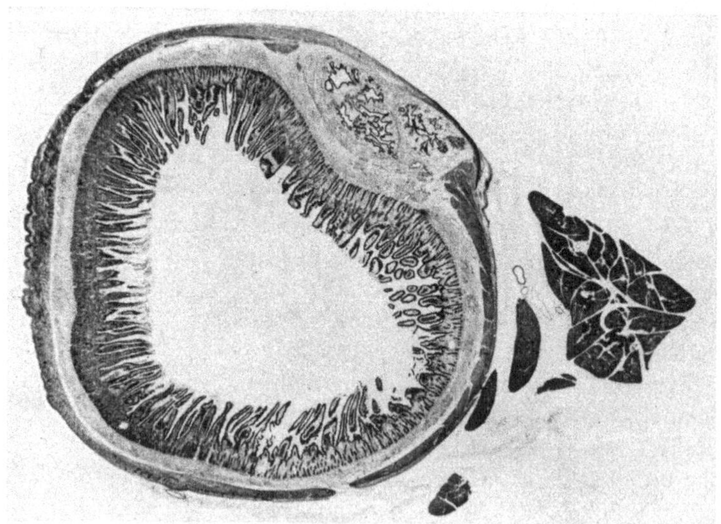

Abb. 12. Dieser Schnitt ist nach der Van-Gieson-Methode gefärbt. Zur kontrastreichen Darstellung mußte sorgfältig gefiltert werden. (Grün- und Orangefilter kombiniert bei Pan-Material.)

Das Präparat wird auf den Großobjekttisch der Makro-Dia-Einrichtung gelegt. Nach Einschalten der Lichtquelle und Scharfeinstellung der Kamera auf das Objekt wird die Hauptbeleuchtungslinse (abhängig von der Objektivbrennweite) so lange in der Höhe verstellt, bis das Bildfeld auf der Mattscheibe gleichmäßig ausgeleuchtet ist. Bei Objektiven mit kurzen Brennweiten, also bei starken Vergrößerungen, wird meist ein Zusatzkondensor direkt unter den Objekttisch in den Strahlengang eingeschaltet, um das Lichtbündel auf das kleine Objektfeld zu konzentrieren.

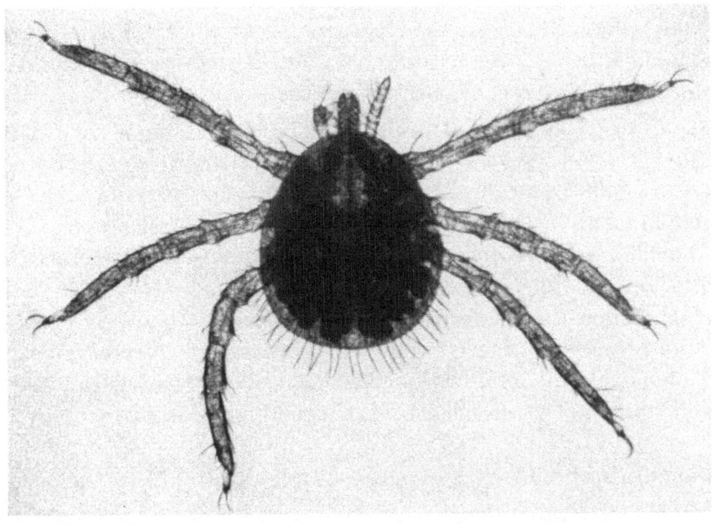

Abb. 13. Auch bei derartigen Objekten muß das Licht gefiltert werden, damit Feinstrukturen, wie Härchen u. dgl., nicht überstrahlt werden. (Argas reflexus, Larve.)

Abb. 14. Zur Aufnahme dieses feinen Holzschliffes mußte außer dem Farbfilter auch eine Mattscheibe in den Strahlengang gebracht werden, da anders die Strukturen überstrahlt wurden. (Fagus sylvatica.)

Für Aufnahmen von histologischen Schnitten verwendet man Negativmaterial in den Empfindlichkeitsbereichen von 12/10 bis 14/10° DIN. Dieses Material gewährleistet eine ausreichende Auflösung, außerdem ist es brillant arbeitend, was besonders bei den schwachen Färbungen dieser Präparate von großem Nutzen ist. Die Wahl der Farbempfindlichkeit des Aufnahmematerials richtet sich jeweils nach der Färbung des Präparates. Ein- oder zweifarbige Objekte mit geringen Tonunterschieden lassen sich am kontrastreichsten auf orthochromatischem Material darstellen. Hat man es dagegen mit mehrfarbigen Objekten zu tun (z. B. Massonfärbung), so eignet sich das panchromatische Material besser, da hiermit eine reichhaltige Tonabstufung erzielt wird.

Um die erforderlichen Kontraste und Tonunterschiede zu erhalten, ist es zweckmäßig, mit Farbfiltern der Grün-Reihe zu arbeiten. Hierzu gehören die Farben Grün, Gelb-Grün, Blau-Grün. Die Filter werden vor der endgültigen Scharfeinstellung in den beleuchteten Strahlengang eingeschaltet. Die Wahl des richtigen Farbfilters läßt sich durch die Wiedergabe auf der Mattscheibe leicht treffen. Bei Verwendung von panchromatischem Material wird man gelegentlich mit der zusätzlichen Einschaltung eines schwachen Orangefilters gute Ergebnisse erzielen. Bei der Belichtung ist selbstverständlich der Verlängerungsfaktor der Farbfilter zu beachten. Man wird meist auf Belichtungszeiten von $^1/_{25}$—$^1/_5$ sec bei Kleinbild und $^1/_5$—1 sec bei 9 × 12-Format kommen.

2. Übersichtsaufnahmen von Gesteinsdünnschliffen im polarisierten Licht.

Alle Übersichtsaufnahmen von Dünnschliffen (von Gesteinen, Bodenproben u. dgl.) werden in derselben Weise hergestellt wie die vorgenannten histologischen Schnitte. Bei Dünnschliffen von Bodenproben kommt es hauptsächlich auf die Darstellung der Körnung, Auflockerung und Schichtung des Materials an. Hierbei wird im normalen Durchlicht mit einfacher Grünfilterung auf orthochromatischem Material gearbeitet.

Bei Gesteinsdünnschliffen soll dagegen der kristalline Gehalt festgestellt und analysiert werden. Da dieses nur im polarisierten Licht möglich ist, müssen zu diesem Zweck zwei Polarisationsfilter in den Strahlengang eingeschaltet werden. Ein Filter, der Polarisator, wird zwischen Lichtquelle und großer Beleuchtungslinse angebracht. Das zweite Filter, der Analysator, wird auf das Objektiv gesteckt oder besser noch kurz hinter das Objektiv, also in der Kamera befestigt. Liegen die beiden Schwingungsebenen der Filter parallel zueinander, so erscheint das Bildfeld normal und hell. Wird der Polarisator aber um 90° gedreht, so daß die Schwingungsebenen der Filter senkrecht zueinander stehen, so wird das Bildfeld dunkel, nur alle doppelbrechenden Objektteile leuchten hell auf.

Durch die Polarisation erleidet man einen erheblichen Lichtverlust, der ziemlich lange Belichtungszeiten zur Folge hat. Eine feste Faktorenzahl für die Belichtungszeitverlängerung im polarisierten Licht läßt sich natürlich nicht angeben, da diese von der Anzahl, Größe und Farbe der im Dünnschliff enthaltenen Kristalle abhängig ist.

Aufnahmen im polarisierten Licht sind eigentlich erst dann lohnend, wenn sie mit Farbfilm hergestellt werden. Je nach Dicke des Objektes und Größe des Gangunterschiedes erscheinen einzelne Objektteile unterschiedlich gefärbt. Da in den Makro-Dia-Einrichtungen vorwiegend Niedervoltglühlampen eingebaut sind, werden Farbfilme mit Kunstlichtemulsionen benötigt. Diese Filme haben nur eine Empfindlichkeit um 11/10° DIN und einen sehr geringen Belichtungsspielraum, so daß es empfehlenswert ist, mindestens drei Belichtungen mit verschiedenen Zeiten durchzuführen (Näheres im photographischen Teil).

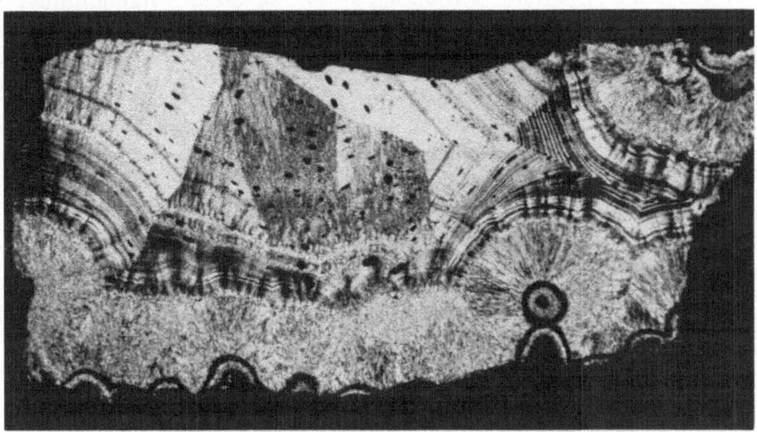

Abb. 15. Zum Erkennen des kristallinen Anteils eines Gesteins wird ein Dünnschliff im polarisierten Licht untersucht. Alle optisch isotropen Objektteile bleiben dunkel, nur die doppelbrechenden leuchten auf.

Sollen dagegen Schwarz-Weiß-Aufnahmen hergestellt werden, muß auf sehr sorgfältige Filterung geachtet werden, um die einzelnen Farbwerte in den richtigen

Abb. 16. Aber auch flach ausfällende Kristalle lassen sich im polarisierten Durchlicht gut darstellen. (Acenaphthen).

Grauwerten wiedergeben zu können. Hier ist wieder das panchromatische dem orthochromatischen Material vorzuziehen und vielfach eine Gelbgrün-Orange-Filterung angebracht.

3. Übersichtsaufnahmen von Plattenkulturen.

Bei Plattenkulturen ist die Größe des Objektes für die Wahl der Aufnahme-apparatur entscheidend. Handelt es sich um eine kleine Kultur oder soll von einer Platte nur ein Ausschnitt im Durchmesser bis zu 9 cm aufgenommen werden. kann man sich der Makro-Dia-Einrichtung bedienen. Sollen dagegen Kulturen in Größe der ganzen Petrischalen oder anderer flacher Gefäße aufgenommen werden. reicht das Leuchtfeld des Großobjekttisches nicht aus. In diesem Falle wählt man

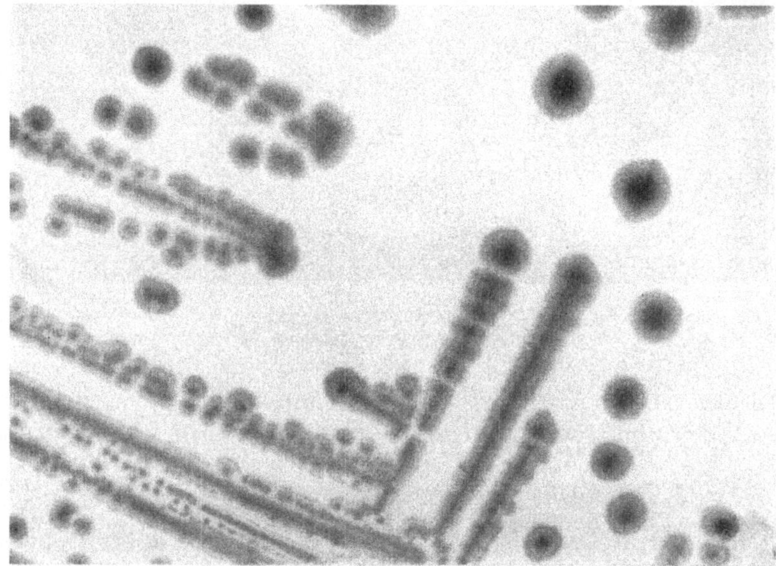

Abb. 17. Um Colikulturen auf hellem Aga kontrastreich darzustellen, muß man ein sehr strenges Grünfilter verwenden.

einen Durchleuchtungskasten, wie er zum Betrachten von Röntgennegativen verwandt wird. Es ist zweckmäßig, die Opalscheibe des Leuchtkastens auf die Größe des Objektes mit schwarzem Papier abzudecken, damit störende Seiten-überstrahlungen ausgeschaltet werden. Hierbei ist aber besonders darauf zu achten, daß die Kultur nicht lange auf dem Leuchtkasten steht, da auch bei guter Durchlüftung dessen Scheibe sich im Laufe der Zeit mehr oder weniger erwärmt, was sich wiederum schädlich, ja teilweise sogar verändernd auf die Plattenkulturen auswirken kann.

Von der Art der Plattenkulturen wird auch immer die Art der Beleuchtung abhängen. Voraussetzung für eine gute Ausleuchtung ist, daß die Schale einen glatten und nicht geriffelten oder verkratzten Boden hat, daß außerdem der Nährboden optisch rein, gleichmäßig und nicht zu dick ausgegossen ist. Dicken-unterschiede des Nährbodens machen sich in der Aufnahme in Helligkeitsunter-schiede bemerkbar. Je nach Transparenz und Dicke der Kultur muß die Licht-stärke reguliert werden (bei Leuchtkästen durch Zwischenschalten von Gasen und Seidenpapier). Ein zu starkes Durchlicht führt zu Überstrahlungen und läßt feine Einzelheiten des Objektes untergehen.

Hat eine Plattenkultur eine sehr plastische Oberflächenstruktur, wie es z. B. bei Pilz- sowie auch einigen Bakterienkulturen der Fall ist, die neben den Begrenzungslinien ebenfalls gezeigt werden sollen, empfiehlt es sich, mit einer

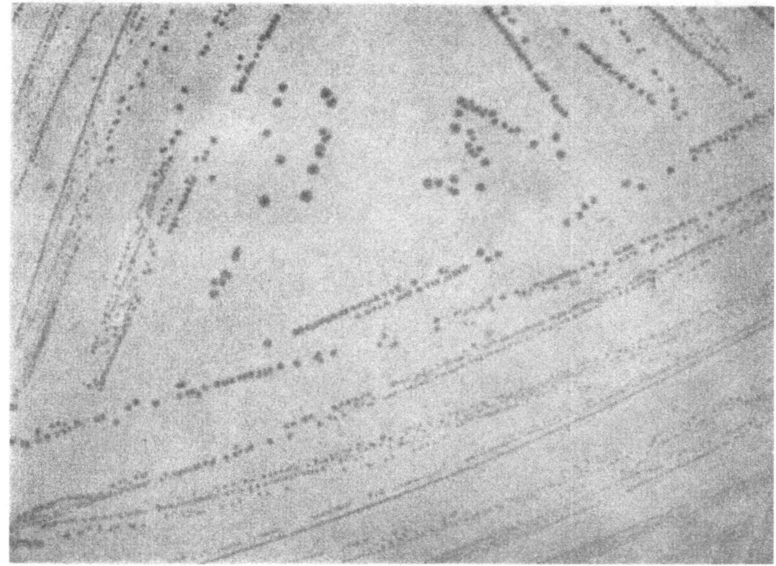

Abb. 18a.

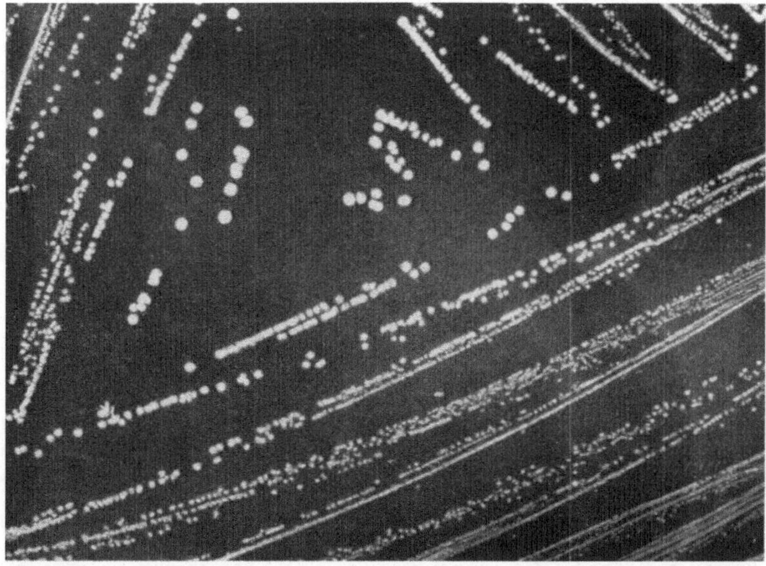

Abb. 18b.

Abb. 18a u. b. Nicht alle Plattenkulturen lassen sich gut im Durchlicht darstellen. a) Hier wurden Enterokokken auf dunklem Agar im Durchlicht aufgenommen. Die Kolonien heben sich nur schwach ab. b) Im schrägen Auflicht kommt es zu einer sehr kontrastreichen Darstellung.

2*

kombinierten Durchlicht-Auflichtbeleuchtung zu arbeiten. Man wirft hierzu den Lichtstrahl einer zusätzlichen Auflichtlampe (bei kleinen Flächen eine Mikroskopierlampe, bei größeren eine Heimleuchte) ganz flach über die Oberfläche des

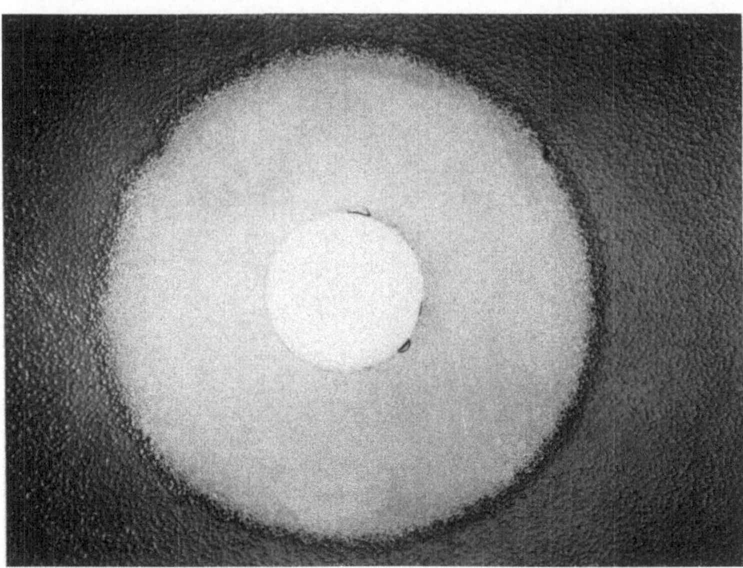

Abb. 19. Tablettenteste lassen sich am besten im kombinierten Durchlicht-Auflicht darstellen. Das Durchlicht läßt gut die Kultur und den sterilen Hof unterscheiden. Das Auflicht erhöht die Plastik der Kultur und gibt die Tablette in der richtigen Farbtönung wieder. (Tablettentest: Microc. pyogenes var. aureus gegen Aureomycin.)

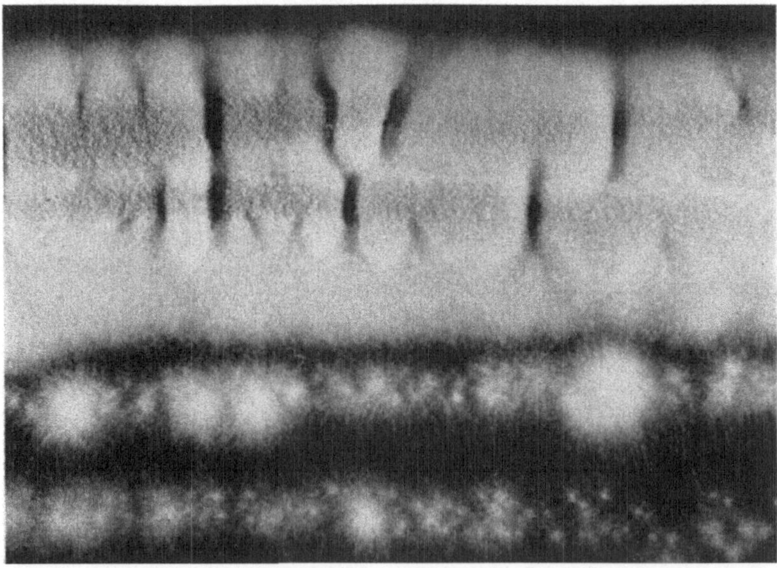

Abb. 20. Kombiniertes Durchlicht-Auflicht muß man auch bei Pilzkulturen auf hellem Nährboden anwenden. Zur plastischen Darstellung der Kultur wieder ein schräges Auflicht. Für den hellen Untergrund wird dagegen zur kontrastreicheren Darstellung ein schwaches Durchlicht mit einem dunkelnden Farbfilter benötigt. (Penicillium glaucum, Ausstrichkultur.)

Objektes, damit durch die Licht- und Schattenwirkung des streifenden Lichtes die Plastik betont wird. Um den Kontrast zu steigern, zumal bei sehr zartfarbigen und durchsichtigen Kulturen, werden vor beide Lichtquellen verschiedene

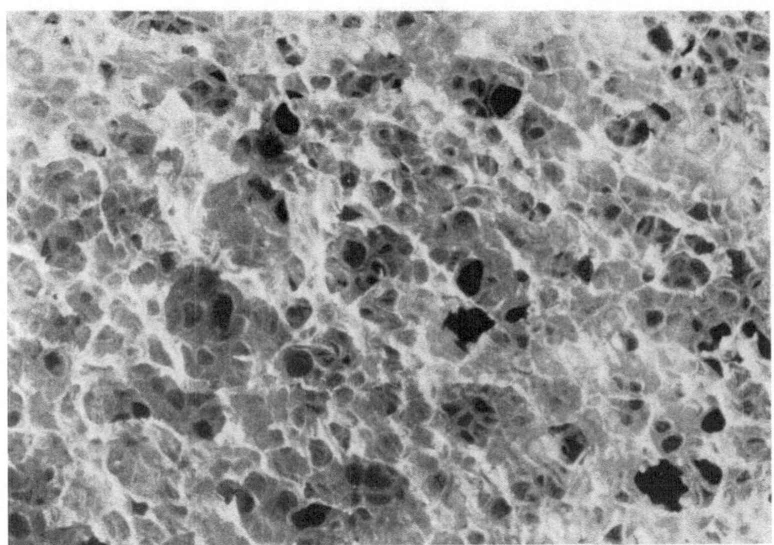

Abb. 21 a.

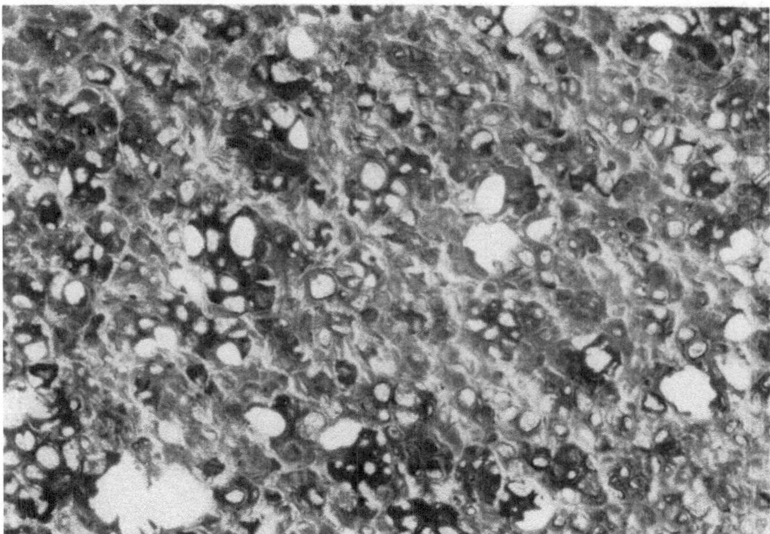

Abb. 21 b.

Abb. 21 a u. b. Die unterschiedliche Darstellung von Schaumgummi im Auflicht und kombinierten Durchlicht-Auflicht. a) Im Auflicht kommt die Tiefenstruktur besser zum Ausdruck. b) Das kombinierte Durchlicht-Auflicht zeigt besonders gut den porösen Charakter des Objektes.

Farbfilter geschaltet. Bei Verwendung von orthochromatischem Material wählt man für die Durchlichtbeleuchtung ein mittleres Orangefilter und für die Auflicht-beleuchtung ein helles Gelbgrünfilter. Bei panchromatischem Material erhält die Durchlichtbeleuchtung ein kräftiges Grünfilter und die Auflichtbeleuchtung ein helles Gelb- oder Orangefilter.

Mit dieser Zweifarbenfilterung, die später auch in vielen anderen Arbeitsgebieten zur Anwendung kommt, wird der Ausgleich einer guten Licht- und Schattentönung erreicht. In diesem Fall der sehr durchsichtigen Plattenkultur z. B. würde das Durchlicht die Schatten des schrägen Auflichtes vollkommen aufheben. Mit der Zweifarbenfilterung wird aber die Wirkung von Licht und Schatten durch die verschiedene Farbtönung erzielt. Dem Untergrund, der nicht so hell erscheinen soll, wird eine Farbe gegeben, für die das photographische Material nicht so empfindlich ist, sie also dunkler wiedergibt. Das schräge Auflicht dagegen bekommt eine für das Aufnahmematerial empfindliche Farbe und zeigt somit die Lichtseiten heller.

Zur Sterilerhaltung der Plattenkultur kann während der Aufnahme auf die Schale eine planparallelgeschliffene Kristallglasscheibe gelegt werden. Bei Verwendung von Auflicht ist hierbei aber besonders auf den Einfallwinkel des Lichtes zu achten, damit sich keine störenden Reflexe im Bild zeigen. Selbstverständlich muß auch auf Sauberkeit der Glasplatte geachtet werden, da sich jede Verunreinigung im Schräglicht besonders stark bemerkbar macht.

4. Übersichtsaufnahmen von locker angeordneten aber plastischen Objekten.

Bei sehr lockeren und feinen Geweben, wie man sie in der Textilindustrie findet (Nylon, Perlon usw.), aber auch bei anderen Objekten, wie Schaumgummi, Stengelquerschnitten, lockeren Knochengeweben u. dgl., kann man ebenfalls die Doppelbeleuchtung anwenden. Durch die gegenlichtwirkende Durchlichtbeleuchtung und das einseitig schräge Auflicht wird eine effektvolle plastische Wirkung erzielt und der lockere Aufbau des Objektes betont. Hierbei ist es in manchen Fällen empfehlenswert, das Objekt nicht auf den Objekttisch direkt zu legen, sondern eine Mattscheibe (mit der Mattschicht nach unten) oder eine Opalscheibe als Unterlage zu wählen, damit die durchleuchtenden Strahlen etwas gedämpft und Überstrahlungen vermieden werden. Die Auflichtbeleuchtung muß man je nach Plastik des Objektes mehr oder weniger flach auffallen lassen. Sind die Schattenpartien zu dunkel, was aber durchschnittlich bei Verwendung der Durchlichtbeleuchtung nicht der Fall ist, können sie mit einer zweiten Auflichtlampe aufgehellt werden. Bei sehr hellen Objekten wird man zweckmäßigerweise ebenfalls die bereits im vorigen Kapitel beschriebene Zweifarbenfilterung anwenden. Sie eignet sich gleichfalls auch in der Fertigungskontrolle bei sehr feinen Textilien zum besseren Erkennen von Webfehlern sowie bei der Kontrolle von Papieren auf makroskopisch kleine Löcher.

5. Aufnahmen von Harz- und Bernsteineinschlüssen.

Makroaufnahmen an Bernstein oder Harzen zur Abbildung von Abdrücken oder Einschlüssen bereiten vielfach Schwierigkeiten. Die einfachsten Aufnahmen sind die von Blattabdrücken oder Insekteneinschlüssen an flachen, bereits bearbeiteten und polierten Bernsteinstücken. Hier wählt man am besten wieder die Durchleuchtungsmethode. In einigen Fällen, z. B. bei Oberflächenabdrücken oder bei erhaltengebliebenen Zeichnungen von eingeschlossenen Insekten, kann zusätzlich ein Auflicht angewandt werden. Bei solchen Aufnahmen hat man aber meist mit störenden Oberflächenreflexen zu kämpfen. Die sicherste Methode.

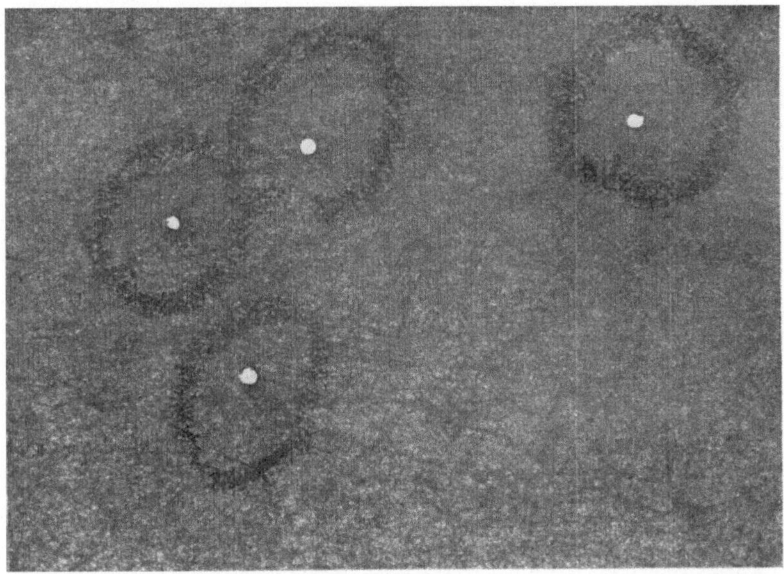

Abb. 22. Zur Kontrolle von kleinen Löchern in fettundurchlässigem Papier wird ebenfalls die kombinierte Beleuchtung angewandt. Zwei verschiedene Farbfilter führen zu einer ausgeglichenen Wiedergabe und vermeiden Überstrahlungen an den Lochrändern. (Makro-Dia-Einrichtung, Summar 35 mm. Durchlicht: gelb-grün hell. Auflicht: orange, orthochromatische Platte.)

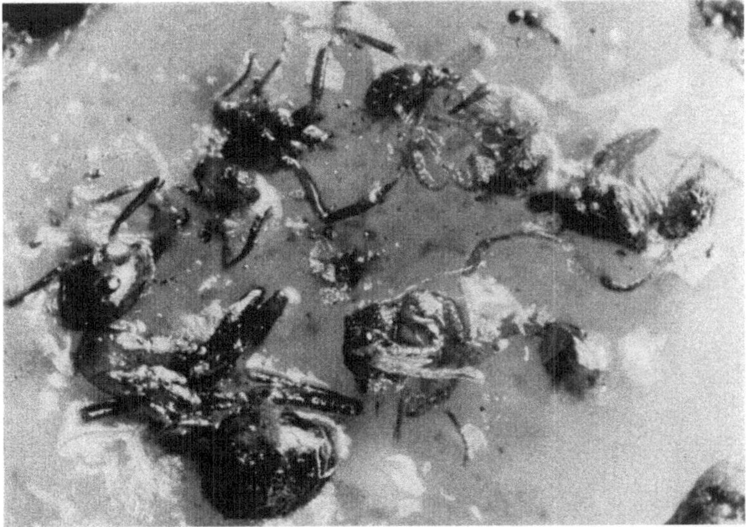

Abb. 23. Da die Harze meist etwas milchig sind, müssen sie bis zum Einschluß abgelöst werden. Wird diese Arbeit nicht sorgfältig durchgeführt, erhält man ein unruhiges Bild mit vielen störenden Reflexen. (Ameiseneinschluß in Baumharz.)

diese Reflexe auszuschalten, liegt darin, das Objekt in eine Schale mit Wasser zu legen, und zwar so tief, daß es ganz untertaucht und so zu photographieren.

Aufnahmen von Einschlüssen in größeren und noch unbearbeiteten Bernsteinstücken sind besonders schwierig, da sich die Oberflächenstruktur störend

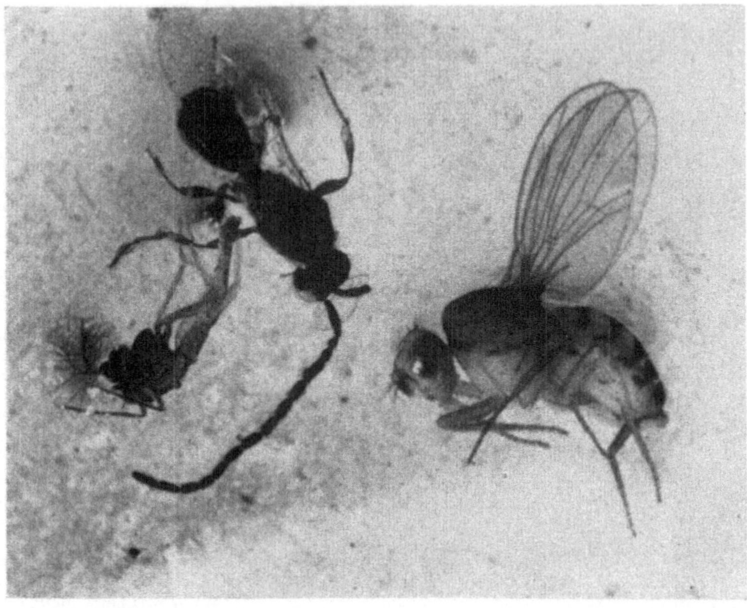

Abb. 24. Gut präpariert kann man auch von Harzeinschlüssen erstklassige Darstellungen bekommen. Mit Hilfe von Polarisationsfiltern können die Reflexe ausgeschaltet werden, daß sogar Einzelheiten im Objekt zu erkennen sind.

Abb. 25. Mückeneinschluß in einseitig bearbeitetem Bernstein im Durchlicht. Eine zusätzliche schwache Auflichtbeleuchtung läßt noch etwas Oberflächenstruktur erkennen.

bemerkbar macht. Hier kann man vorwiegend nur mit einer kräftigen Durchleuchtung einigermaßen Ergebnisse erzielen.

Einschlüsse in frischeren Harzen sind ebenfalls schwer zu photographieren, da die meisten Harze nicht durchsichtig genug sind. Bei diesen Objekten muß man die oberen Teile bis zum Einschlußinsekt ablösen und dann zur Aufnahme eine kombinierte Durchlicht-Auflichtbeleuchtung wählen. Bei sehr hellen Harzen ist es dabei zweckmäßig, die Durchlichtbeleuchtung durch ein dunkelndes Farbfilter (abhängig von der Farbempfindlichkeit des Negativs) zu leiten.

In diesem Kapitel wurden die Hauptaufnahmetechniken im Durchlicht und kombinierten Durchlicht-Auflicht besprochen. Selbstverständlich gibt es noch eine große Reihe anderer noch nicht erwähnter Objekte, die sich mit dieser Aufnahmeart festhalten ließen, doch sollte es dem Praktiker nicht schwerfallen, nach den bisherigen Angaben das jeweilige Objekt einer genannten Arbeitsgruppe einzuordnen und mit ihren Techniken die Aufnahme durchzuführen.

III. Makroaufnahmen von unbeweglichen Objekten im auffallenden Licht.

In den folgenden Arbeitsgebieten kommen hauptsächlich alle Vertikalkameras zur Anwendung. In einigen Fällen, wie z. B. bei Aufnahmen von Objekten in Glasbehältern, von Maschinenteilen u. a., wird man auch gelegentlich zur Horizontalkamera greifen, um durch einen schrägen Standort der Kamera perspektivische Wirkungen zu erzielen.

Zur Ausleuchtung der kleineren Objekte (unter 10 cm) wählt man am zweckmäßigsten Mikroskopierlampen mit verstellbaren asphärischen Beleuchtungslinsen, da diese in der flächigen Beleuchtung das gleichmäßigste Licht geben. Für größere Objekte nimmt man Heimlampen mit Nitraphotbirnen. Grundsätzlich werden zwei Lampen benötigt, um die richtigen Licht- und Schatteneffekte zu erhalten. — Bei den Aufnahmen, die später für systematische Zwecke benötigt werden, leuchtet man das Objekt mit einer schattenlosen Makroringbeleuchtung aus.

Zur Auswahl der richtigen Objektive sei auf die Tabellen am Schluß des Buches hingewiesen, die über die einzelnen Vergrößerungsbereiche weitgehend Aufschluß geben. Auf Einzelheiten bzw. Besonderheiten in der Gerätewahl wird in den jeweiligen Arbeitsgebieten eingegangen.

1. Aufnahmen von makroskopischen Objekten kleinster Größen.

Daß dieses Kapitel gerade mit den kleinsten Makroobjekten beginnt, hat seinen Grund in den Schwierigkeiten, die diese Aufnahmen immer wieder bereiten. Ihre Vergrößerungsbereiche liegen beim 20—30fachen, also angrenzend an die Mikroskopie. Tiefenschärfe und Ausleuchtung werden hier oft zum Problem, und doch ist es nicht so schwierig, wie es oft scheinen mag.

Zu diesen Objekten gehören in der Biologie Mikrofossilien, Getreideprodukte, kleine Keimlinge, Insekteneier, Larven, Embryonen u. dgl.; aber auch in der Technik findet man derartig kleine Objekte, wie Leuchtwendel, Mikrokanülen, Härteprüf- und Ritz-Diamanten und vieles andere mehr. Da die Tiefenschärfe bei den starken Makrovergrößerungen sehr gering ist, kommt es bei der Scharfeinstellung auf äußerste Genauigkeit an. Da sich die Schärfe beim Abblenden in die Tiefe des Objektes verschieden verteilt, und zwar dehnt sie sich (von der

Kamera aus gesehen) nach vorn um ein Drittel und nach hinten um zwei Drittel aus, muß schon bei offener Blende auf die richtige Ebene eingestellt werden. Die Schärfe darf bei geöffneter Blende also nicht auf der Oberfläche des Objektes oder in der halben Höhe liegen, sondern sie muß genau auf die Grenze vom ersten Drittel zum zweiten Drittel eingestellt sein. Bei Objekten, die eine große Tiefe haben und somit bei geschlossener Blende aufgenommen werden müssen, ist das

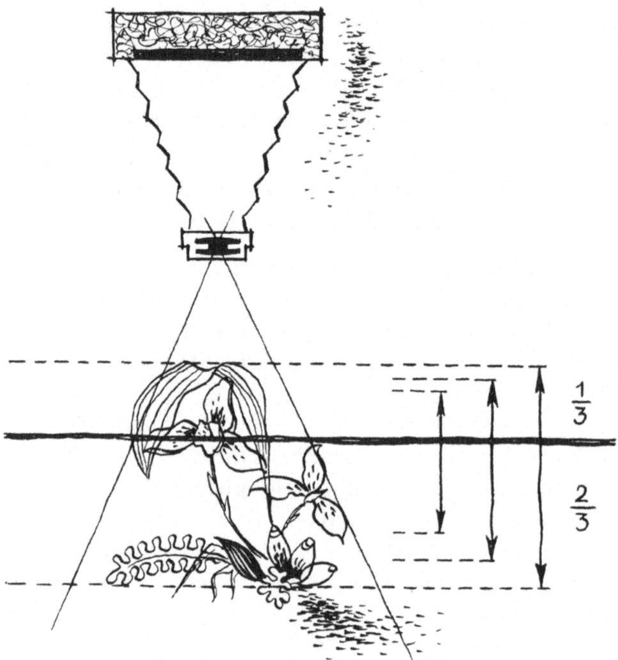

Abb. 26. Schematische Darstellung der Tiefenschärfebereiche bei verschiedenen Blenden. Die Tiefenschärfe erweitert sich beim Abblenden nach vorne um $^1/_3$ und nach hinten um $^2/_3$. Man achte also beim Scharfstellen auf die richtige Einstellebene (dicke Linie).

Mattscheibenbild bei abgeblendeter Optik zur Scharfeinstellung zu dunkel. Man ist entweder gezwungen, nach der eben genannten Regel bei geöffneter Blende einzustellen, oder man muß die Mattscheibe mit einer Klarglasscheibe auswechseln und über diese mit einer Einstellupe die richtige Schärfenebene suchen. Bei dieser Einstellmethode geht man folgendermaßen vor: statt Mattscheibe wird eine Klarglasscheibe (planparallel geschliffenes Kristallglas) mit einem eingravierten Fadenkreuz (Gravurseite in die Kamera zeigend) in der Kamera befestigt. Dann wird die Einstellupe auf die Klarglasscheibe gesetzt, mit Hilfe der verstellbaren Augenlinse der Lupe auf das Fadenkreuz scharf eingestellt und anschließend die Schärfe des makroskopischen Bildes kontrolliert. Dieses Verfahren erfordert einige Übung.

Erzielt man mit dem jeweils verwandten Objektiv keine absolute Schärfe, ist es zweckmäßig, zum nächstschwächeren Objektiv (etwas längere Brennweite) überzugehen, da hierdurch die verlangte Schärfe meist erreicht wird. Um auf den gewünschten Abbildungsmaßstab zu kommen, vergrößert man das Bild dann im Positivverfahren weiter. Der Sprung darf natürlich nicht zu groß sein, damit alle Strukturelemente noch aufgelöst werden. Der Brennweitenwechsel darf sich also nur in Millimetern bewegen.

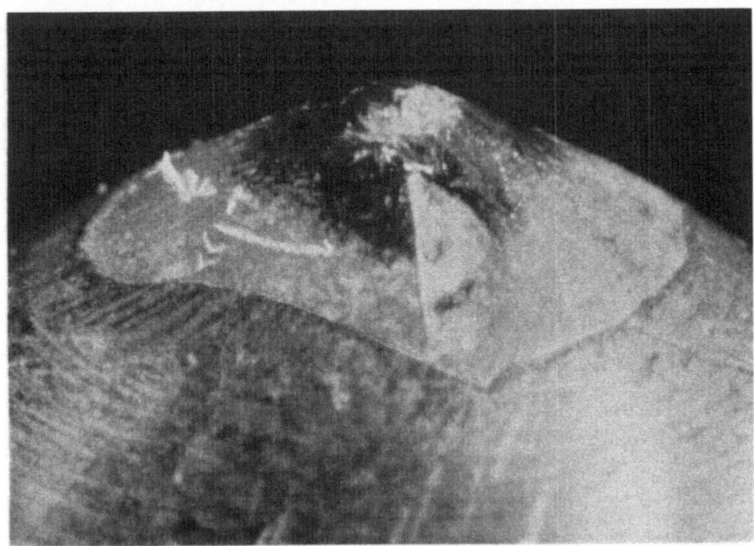

Abb. 27. Beschädigter Härteprüfdiamant. Der Stein (Durchmesser = 1 mm) ist sehr flach, so daß es schwer ist, die erforderliche Tiefenschärfe zu erzielen.

Abb. 28. Auch bei sehr kleinen Objekten müssen alle Feinheiten zu erkennen sein. Die typische Längszeichnung an den Fliegeneiern wurde durch richtige Lichtführung betont.

Das zweite Problem bei Aufnahmen dieser kleinen Objekte ist die richtige Ausleuchtung, wovon später der gesamte Bildeindruck abhängig ist. Grundsätzlich werden hierzu Mikroskopierlampen benötigt, die mit Hilfe ihrer Kollektoren einen sehr kleinen Lichtkegel, also praktisch ein Punktlicht erzeugen. Andere diffus strahlende Lichtquellen sind nicht zu empfehlen, da durch die kleine Auffangfläche des Objektes nur ein ganz minimaler Teil des Lichtes ausgenutzt würde. Das zweckmäßige Einrichten der Beleuchtung wird stets unter Beobachtung des Mattscheibenbildes vorgenommen, da man erst hier annähernd den entsprechenden Eindruck gewinnt, den auch die Aufnahme vermittelt. Es werden zwei sich gegenüberstehende Lampen einzeln auf das Objekt gerichtet. und zwar je nach Objektform und Oberflächenstruktur mehr oder weniger flach.

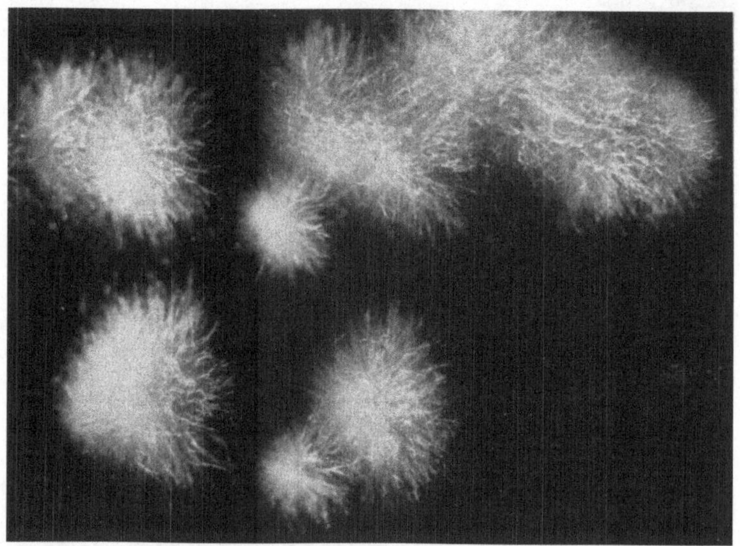

Abb. 29. Sehr kleine helle Pilzkulturen müssen zur Darstellung aller Feinheiten zweifarbig ausgeleuchtet werden. Mit einfachem Auflicht erhält man nur weiße Flecken. (Epidermophyton, KAUFMANN, WOLF.)

Dann erfolgt über den Reguliertransformator die Abstimmung der Lichtstärken. Zunächst wird die Lampe, die die Lichtseite des Objektes ausleuchten soll. auf volle Stärke gestellt. Dann erfolgt vorsichtig die Abstimmung der Lampe, die die Schatten aufhellen soll.

Diese Beleuchtungsabstimmung ist außerordentlich schwer. Einmal dürfen die Schatten nicht zu dunkel sein, sie dürfen nicht „versacken‘‘, so daß keine Strukturzeichnung verlorengeht. Andererseits dürfen sie nicht zu hell sein, damit sie sich als Schatten von der Lichtseite abheben und so die plastische Struktur des Objektes wiedergeben.

Am schwierigsten ist die Beurteilung der Beleuchtung bei sehr hellen Objekten. wie Mikrofossilien, Larven, Embryonen u. dgl. Diese wirken meist so stark reflektierend und lichtzerstreuend, daß auch bei nur einseitiger Beleuchtung das Objekt als weiße Silhouette ohne jede Zeichnung erscheint. Hier ist das beste Hilfsmittel die Anwendung einer Zweifarbenbeleuchtung, ähnlich, wie sie bereits in der Makroskopie im kombinierten Durchlicht-Auflicht beschrieben wurde. Mit dieser zweifarbigen Ausleuchtung wird das Objekt gefärbt. Somit wirken neben der verschiedenen Lichtintensität der Lampen nun auch die Farben als

Licht und Schatten. Die Filterwahl, die von der Farbempfindlichkeit des photographischen Materials abhängig ist, trifft man folgendermaßen: Bei orthochromatischem Material wird vor die „Lichtlampe" (entsprechend der stärkeren Lampe) ein für das Negativ empfindliches Farbfilter, ein helles Gelb-Grün-Filter gesetzt, vor die „Schattenlampe" (die schattenaufhellende Lampe) ein für das Negativ unempfindliches Filter, ein mittleres Orangefilter geschaltet. Bei panchromatischem Material, bei dem die Farbempfindlichkeitswerte anders liegen (siehe photographischen Teil), kommt vor die Lichtlampe ein helles Orange- oder

Abb. 30. Um diese kleine Penicillium glaucum-Impfkultur plastisch darzustellen, wird zweiseitig flach ausgeleuchtet.

Gelb-Grün-Filter und vor die Schattenlampe ein kräftiges Grünfilter. Die Intensität der Lampen wird jetzt nach den Farbwirkungen eingestellt. Natürlich gehört zu dieser Methode einige Erfahrung, doch wird man sehr bald feststellen, daß sie die sicherste ist und die ausgeglichensten Bilder hervorbringt. Einige Objektarten lassen sich gar nicht anders erfassen, will man nicht auf jede Plastik und Oberflächenstruktur verzichten. Weiterhin muß die richtige Wahl des Untergrundes Beachtung finden, denn auch von ihm hängt die Wirksamkeit der Aufnahme ab. Für helle Objekte wird man stets einen dunklen Untergrund wählen, da sie sich von diesem kontrastreich und plastisch abheben. Hierzu eignet sich sehr gut eine schwarze Kristallglasplatte. Die optischen Werke liefern zu ihren stereoskopischen Mikroskopen solche schwarzen Platten als Unterlage für Auflichtuntersuchungen, welche sich sehr gut für den genannten Zweck eignen. Der einzige Nachteil ist, daß sich jedes Stäubchen durch die Schrägbeleuchtung bemerkbar macht. Man muß also in einem einigermaßen staubfreien Raum arbeiten und vor der Aufnahme mit einem feinen Haarpinsel die während des Einstellens sich angesetzten Stäubchen entfernen. Andere dunkle Unterlagen, wie schwarzes Papier, schwarzer Stoff oder dgl. eignen sich nicht, weil bei den starken Vergrößerungen ihre Struktur zu unruhig wirken würde. Außerdem reflektieren sie das Licht noch so stark, daß sie nicht schwarz, sondern grau wirken. Die einzige Unterlage, die noch zu verwenden wäre, ist die aus gutem schwarzen Velourpapier.

Für dunkle Objekte ist es schon schwieriger, einen passenden Untergrund zu finden. Grundsätzlich muß jedes Weiß vermieden werden, da es zu stark reflektierend ist und in den meisten Fällen überstrahlt. Weiterhin sind auf einem

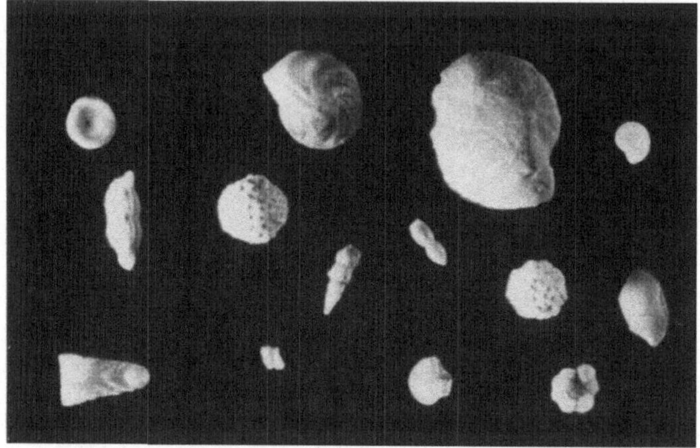

Abb. 31a.

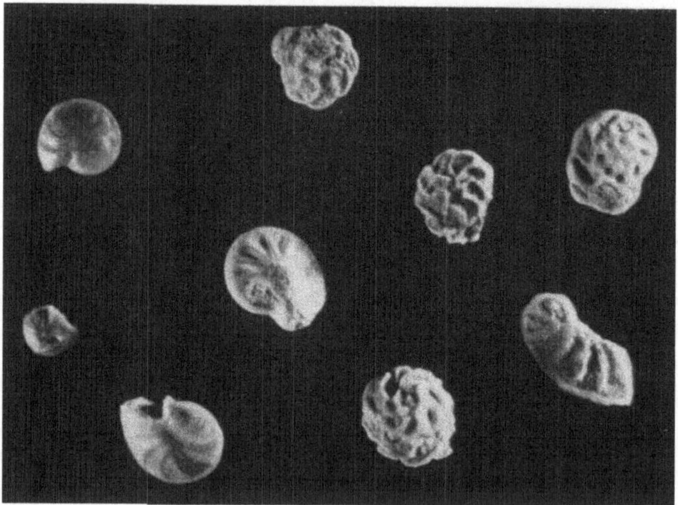

Abb. 31b.

Abb. 31 a u. b. Bei der Darstellung von Mikrofossilien kommt es ganz besonders auf die Sichtbarmachung der Oberflächenstruktur an, was bei den kleinen Ausmaßen der Objekte oft nicht einfach ist. Abb. a zeigt die Schalen schlecht ausgeleuchtet, in der Lichtseite ist keine ausreichende Zeichnung mehr. Abb. b bringt eine gute plastische Wiedergabe, die mit der Zweifarbenausleuchtung erzielt wurde.

hellen Untergrund bei der angewandten Schrägbeleuchtung immer Schatten zu sehen, die oft störend wirken. In diesem Fall kann man verschiedene Methoden anwenden. Wird mit einer farbigen Beleuchtung gearbeitet, kann als Untergrund eine Opalglasscheibe gewählt werden. Zur Dämpfung der Untergrundschatten kann die Scheibe von unten durchleuchtet werden, am vorteilhaftesten auch farbig. Wird dagegen mit weißem Licht gearbeitet, kann man entweder eine Mattscheibe (4—5 mm stark mit der Mattschicht nach unten) verwenden und unter die Mattscheibe farbiges Papier legen, um damit die Untergrundtönung abzustimmen. Andererseits kann man das Objekt auf eine Glasplatte legen, diese je nach Lampenstand erhöhen, so daß die Schatten außerhalb des Bildfeldes auf den Untergrund fallen.

Als Apparatur kommt man meist mit einer Vertikalkamera aus. Für die starken Vergrößerungen werden Makroobjektive in den Brennweitenbereichen von

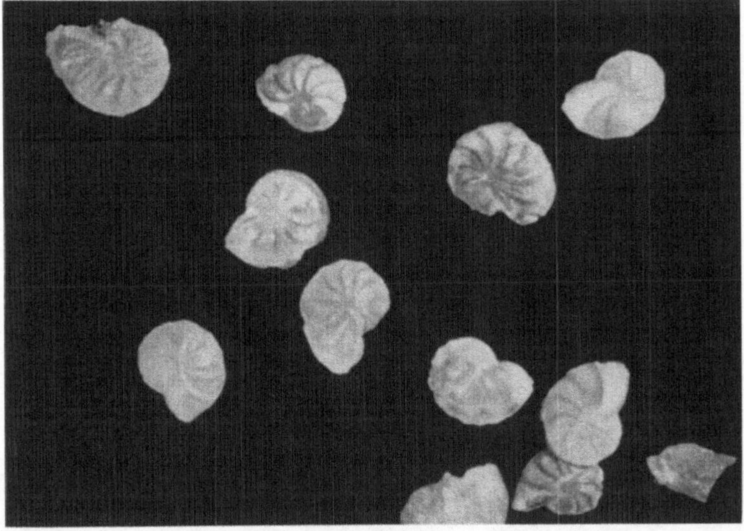

Abb. 32. Diese Schneckenschalen, die außerordentlich klein sind (0,3 mm), bereiten bei der starken Vergrößerung Schwierigkeiten in der Erzielung der Tiefenschärfe. Hier heißt die Forderung: Gute Optik, geringer Abbildungsmaßstab, starke Positivnachvergrößerung.

50—10 mm gebraucht. Für die Aufnahme kommt feinkörniges Negativmaterial mittlerer Empfindlichkeit in Frage. Wird nicht zweifarbig ausgeleuchtet, ist es vielfach angebracht, mit leichtem Gelbgrün- oder Gelb-Filter vor der Optik zu arbeiten. Für die Belichtungszeit läßt sich schwer eine Norm festlegen. Das ausgeleuchtete Objektfeld ist zu klein, um es mit einem Belichtungsmesser auszumessen zu können. Man wird also bei Unklarheiten in der Beurteilung hauptsächlich auf Belichtungsproben angewiesen sein.

2. Biologische Aufnahmen für systematische Zwecke.

Welch ungeheure Mühe kostete früher die Herstellung eines biologischen Lehrbuches? Wieviel Zeit und Arbeitsaufwand gehörten allein dazu, die Illustration eines solchen Fachbuches fertigzustellen? So waren manche biologischen Atlanten wirklich reine Kunstwerke, und doch muß man sich heute fragen: Ist dieser Aufwand in der jetzigen Zeit erforderlich, ja, allein vom materiellen Standpunkt aus überhaupt noch möglich? Kann man mit Hilfe der photographischen Technik nicht das gleiche in sehr viel zeitsparender, einfacher und auch anschaulicher

Weise darstellen ? Die Meinungen hierüber sind heute noch sehr geteilt und es ist erstaunlich, wie stark teilweise noch die Zeichnung bei der Bebilderung von Fachbüchern herangezogen wird. In der reinen Illustration und Dokumentation

Abb. 33 a.

hat sich das Photogramm eigentlich schon in allen Zweigen der Wissenschaft durchgesetzt und ist dort auch nicht mehr fortzudenken. Hat es doch die Stärke, das Wort zu unterstreichen, Beweis zu führen und entschieden objektiver und plastischer zu sein als die gezeichnete Wiedergabe.

Abb. 33 b.

Abb. 33 a u. b. Aufnahmen für systematische Zwecke werden mit schattenloser Ausleuchtung und neutralem Untergrund gemacht. Ein Falter auf hellem Untergrund mit zwei Lampen ausgeleuchtet. Die Schattenpartien machen das Bild unruhig und lassen nicht alle Einzelheiten erkennen (a). Auf dunklem Untergrund hebt sich das Objekt besser ab. Die schattenlose Ringbeleuchtung bringt eine ausgeglichene Lichtwirkung (b).

Doch allein in der Systematik konnte sich die photographische Darstellung noch nicht restlos behaupten, obwohl man heute mit den Mitteln moderner Photographie, von sehr wenigen Ausnahmefällen abgesehen, in der Lage ist, alles das, was zeichnerisch dargestellt werden kann, auch im optischen Bilde festzuhalten. Neben dem zeit- und damit auch geldsparenden Moment sollte man nicht vergessen, daß das photographische Bild objektiver ist und Fehlerquellen, die aus der subjektiven und künstlerisch-ästhetischen Auffassung des Autors

entstehen, unbedingt vermieden werden. Der Vorwand, der in diesem Zusammenhang immer wieder zur Diskussion gebracht wird, daß die Zeichnung unter Fortlassung alles Unwesentlichen nur das Wesentliche zu unterstreichen vermag, ist heute nicht mehr stichhaltig, da durch die verschiedensten photographischen Techniken, wie Filterung, Ausleuchtung, Abspritzverfahren u. dgl. dieselbe demonstrative Wirkung erzielt werden kann. Selbstverständlich sind für diese systematischen Aufnahmen besondere Arbeitsmethoden erforderlich, die von denen der allgemeinen biologischen Aufnahmen abweichen. Aus diesem Grunde soll auf dieses Verfahren gesondert eingegangen werden.

Als Lichtquelle werden für diese Aufnahmen nicht die bisher genannten Einrichtungen ver-

Abb. 34. Schwierig ist die Ausleuchtung relativ dunkler Objekte. Um die Strukturzeichnung dieses Käfers zu zeigen, mußte die Ringbeleuchtung ganz flach gestellt werden. Bei diesem Objekt eignet sich der helle Untergrund zur Kontrasthebung besser.

wandt, sondern die schon im Apparateteil beschriebene Ringbeleuchtung. Da bei den Aufnahmen für systematische Zwecke das Moment der künstlerischen Gestaltung fortfällt, sie also nur sachlich wirken sollen, außerdem jede feinste Strukturzeichnung zu sehen sein soll, wird eine schattenlose Ausleuchtung gewählt. Die Erzeugung eines einwandfreien schattenlosen Lichtes wird aber nur mit Hilfe einer Makroringbeleuchtung gewährleistet. Es ist also vorteilhaft, auch gleich eine Makrokamera zu verwenden, die eine Befestigungsmöglichkeit für eine entsprechende Ringbeleuchtung hat. Die Lampe wird je nach Größe und Plastik in der Höheneinstellung verschieden über das Objekt gebracht. In sehr tiefer Stellung bekommt man bei flachen Objekten einen ausgesprochenen Dunkelfeldeffekt.

Ist keine Ringbeleuchtung vorhanden, kann man sich auf andere Art und Weise helfen. Man setzt vor das Objektiv ein plangeschliffenes Reflexionsgläschen im Winkel von 45° und beleuchtet seine Unterseite horizontal mit einer Mikroskopierlampe. Das Glas reflektiert das Licht nach unten und leuchtet so die Objektoberfläche voll aus.

Als Unterlagen werden schwarze Glasplatten für helle und Opalscheiben für dunkle Objekte gewählt. Sollen nur Teile eines Objektes erfaßt werden (z. B. der

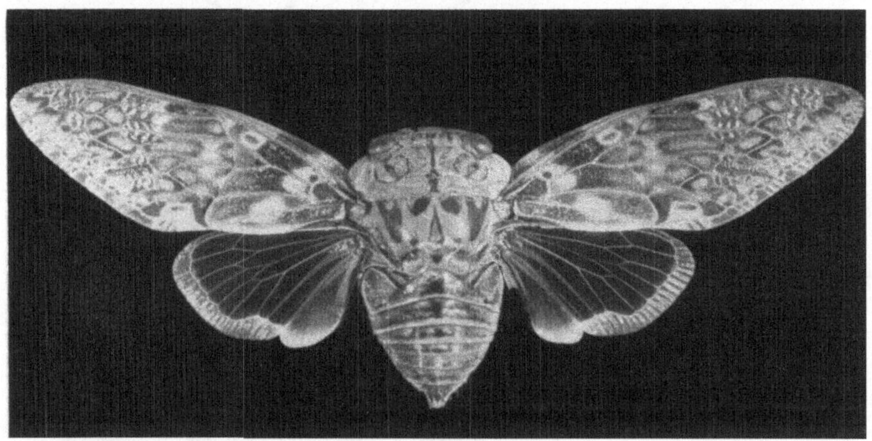

Abb. 35. Bei systematischen Aufnahmen muß jede feinste Zeichnung sowie der geringste Farbunterschied sichtbar gemacht werden. Oft sind kleine Abweichungen für die Bestimmung der Objekte ausschlaggebend.

Kopf mit Freßwerkzeugen eines Insektes), kann das Objekt mit Hilfe von Plastilin in verschiedenen Stellungen festgehalten werden. Präparierte Objekte, z. B. genadelte Insekten, sind vorsichtig von der Nadel zu lösen, da diese im Bildeindruck störend ist. Bei aufpräparierten und genadelten Kleintieren (Frösche, Mäuse u.dgl.) sollen die Präpariernadeln immer schräg nach außen stehen. Dadurch ist die Höhe der Nadel nicht so groß, so daß sie noch scharf zu erfassen ist, andererseits hat man einen natürlichen, oder besser gesagt, einen selbstverständlicheren Eindruck. Bei frischen botanischen Präparaten darf die Ringbeleuchtung für die Zeit der Einstellung nur mit geringer Lichtintensität brennen, damit sich das Objekt nicht durch Austrocknung verändert. Voraussetzung ist grundsätzlich, zumal in der Entomologie, daß alle Objekte gut präpariert sind. In vielen Fällen, besonders bei mehrfarbigen Objekten, ist es erforderlich, für die Aufnahme Farbfilter zu verwenden. Hier kommen für ortho- sowie panchromatisches Material Gelb-, Grün- und Gelb-Grün-Filter in Frage. Wo es bei Gegenüberstellungen auf verschiedene Färbungen des Objektes ankommt, ist es selbstverständlich zweckmäßig, die Aufnahme mit Farbfilm herzustellen. Bei solchen Aufnahmen bewährt sich der Agfa-Color-Umkehrfilm am besten, da er die Farben am natürlichsten wiedergibt. Bei Verwendung der Ringbeleuchtung muß natürlich eine Kunstlichtemulsion gewählt werden. Es lassen sich aber auch gute Ergebnisse bei diffusem Tageslicht (in diesem Falle also keine direkte Sonne) erzielen. Ein rein weißer Untergrund ist bei Farbaufnahmen ebenfalls zu vermeiden.

Sollen im Bild einzelne Objektteile ganz besonders anschaulich hervortreten, kann man vor Herstellung der Klischees im Positiv alle unwesentlichen Teile leicht abspritzen lassen, damit sie etwas schwächer erscheinen. Von dieser Möglichkeit wird eigentlich viel zu wenig Gebrauch gemacht, obwohl diese Bilder sehr wirkungsvoll sind.

Da es sich bei systematischen Aufnahmen vielfach um Reihenaufnahmen, also um Bildserien handelt, ist als Aufnahmegerät eine Kleinbildkamera zu empfehlen. Sie erlaubt die Herstellung und gemeinsame Entwicklung von 36 Aufnahmen ohne zeitraubenden Kassettenwechsel und gewährleistet somit auch schon durch das billigere Material eine bedeutend rationellere Arbeit. Da man es bei Verwendung der Ringbeleuchtung immer mit gleichen Lichtverhältnissen zu tun hat, bereitet nach kurzen Proben auch die Belichtung keine Schwierigkeiten mehr.

3. Makroaufnahmen als Abbildungsunterlagen zur Herstellung von Zeichnungen.

Die Arbeit des wissenschaftlichen Zeichners wird heute durch die Photographie bedeutend erleichtert. Gleichzeitig werden damit Fehlerquellen, die durch die subjektive Auffassung des Zeichners entstehen können, weitgehend ausgeschaltet.

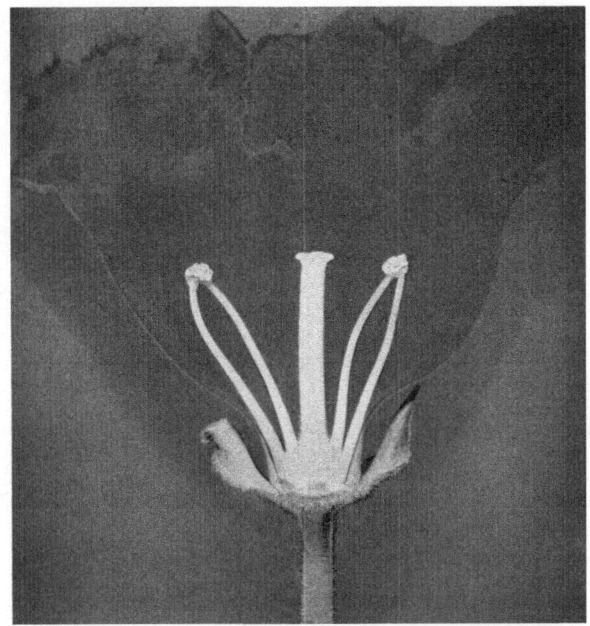

Abb. 36 a.

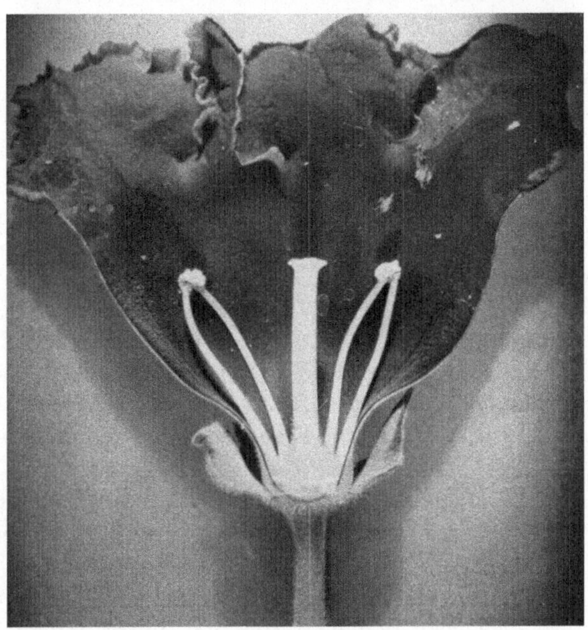

Abb. 36 b.

Abb. 36 a und b. Zur systematischen Darstellung kann man sich besonderer phototechnischer Hilfsmittel bedienen. Hier wurde z. B. zur Darstellung des Fruchtstandes der Gloxinienblüte alles Unwesentliche leicht abgespritzt, wodurch das Wesentliche besonders betont wird (a). Abb. b zeigt das unbearbeitete Bild.

Aufnahmemäßig wird eigentlich in gleicher Weise gearbeitet, wie es im vorigen Kapitel beschrieben ist. In den meisten Fällen findet die schattenlose Ausleuchtung auch hier ihre Anwendung. Für Zeichnungen von den hauptsächlichen Objektumrissen wählt man zur Aufnahme unempfindliches, hart arbeitendes Aufnahmematerial, wie überhaupt für Zeichnungsunterlagen allgemein photographisch etwas härter in der Gradation gearbeitet wird, um alles für die Zeichnung nicht erforderliche Beiwerk auszuschalten. Vom Negativ wird anschließend ein Diapositiv angefertigt und das Bild über einen Projektor auf die Zeichenfläche

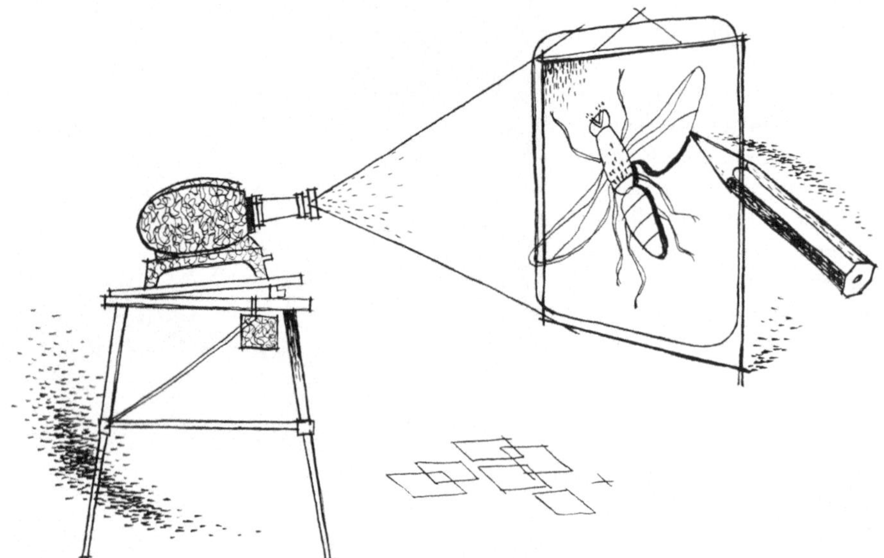

Abb. 37. Die Anfertigung von Lehrtafeln, Zeichnungen u. dgl. kann man durch die Projektion photographischer Aufnahmen bedeutend erleichtern. Eine so hergestellte Tafel wird immer ein objektives Dokument sein.

geworfen. Besonders hat sich dieses Verfahren bei der Herstellung von Unterrichtstafeln bewährt, und diese erleichtert, da mit Hilfe verschiedener Projektionsabstände das Bild gleich in der endgültigen Größe auf die Zeichnungsunterlage gebracht werden kann. Viele Zeichner verwenden nach einiger Übung sogar schon das Negativ (also ohne Positiv-Umkehrung) als Vorlage. Voraussetzung ist nur, daß die Vorlage, ob Negativ oder Positiv, brillant und gut durchsichtig ist, damit das Bild auf der Zeichnungsunterlage eine ausreichende Helligkeit aufweist. Eine besonders gute Schärfe ist bei diesen Bildern eine Selbstverständlichkeit, da es oft auf die exakte Wiedergabe von Feinheiten, wie Freßwerkzeuge, Fühlorgane, Staugefäße u. dgl. ankommt.

4. Biologische und medizinische Aufnahmen für Demonstrations- und Illustrationszwecke von unbeweglichen Objekten.

Neben den Aufnahmen für systematische Zwecke, die im gesamten biologischen Aufnahmebereich nur einen kleinen Platz einnehmen, sind die Aufnahmen zur allgemeinen Demonstration und Illustration am häufigsten. In der modernen Photographie ist man zwar immer mehr bestrebt, Aufnahmen von lebenden Objekten, also Bewegungs- und Entwicklungsvorgänge, zu zeigen. So sollte das

Photogramm von präparierten Objekten immer mehr in den Hintergrund treten. Doch es läßt sich nicht immer umgehen, totes Material photographieren zu müssen. Grundsätzlich sei aber an dieser Stelle erwähnt, daß man, wo es möglich ist, versuchen sollte, Aufnahmen vom lebenden Objekt zu machen, da diese Bilder immer echter und überzeugender wirken. Die modernen Hilfsmittel der Photographie, wie die Kleinbildkamera, das Blitzgerät u.a., welche die Belichtungszeiten um ein wesentliches verkürzen, haben diese noch vor kurzem recht schwierige Aufnahmeart erheblich erleichtert.

Trotzdem gibt es im medizinischen und biologischen Bereich viele unbewegliche Objekte, für deren Aufnahme

Abb. 38. Biologische Wiedergaben wie diese sind wertlos. Leider sieht man so etwas immer noch häufig. Für die biologische Abbildung muß das Objekt gut präpariert sein.

Abb. 39. Auch eine gestellte Aufnahme kann überzeugend wirken. Hier die Darstellung einer brasilianischen Vogelspinne, die in einem Schaukasten präpariert ist.

einiges zu beachten ist. Zunächst ist einer guten Präparierung des Objektes große Aufmerksamkeit zu widmen. Tote Insekten z. B. müssen vor der Aufnahme nach den üblichen Verfahren aufgeweicht und auf einer Korkplatte mit Nadeln gut präpariert werden. Besonders ist auf Bein-, Fühler- und Flügelstellung zu achten. Anschließend wird das präparierte Tier langsam aufgetrocknet. Ein zu scharfes Trocknen führt leicht zu Veränderungen der

Abb. 40. Porträt einer Krabbenspinne zur Darstellung der Augenanordnung. (Balgengerät, Summar 35 mm.)

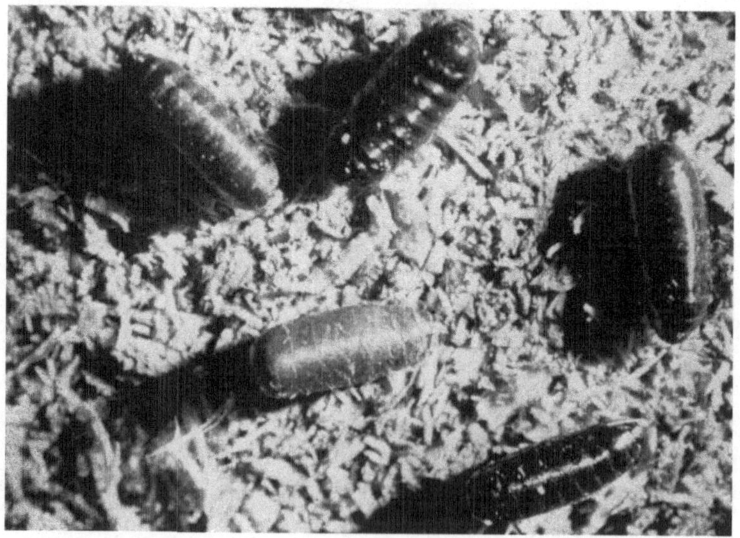

Abb. 41. Diese Abbildung der Tönnchenpuppen (Fliege) ist schlecht. Der Untergrund ist zu unruhig und der Schatten zu schwer.

ursprünglichen Haltung. Ein wirklich gutes Präparieren ist außerordentlich schwer und zeitraubend. Und doch lohnt es sich, denn nichts sieht schrecklicher aus als die Aufnahme eines verkümmerten Insektes mit angezogenen Beinen und herabhängenden Flügeln. Ebenfalls dürfen die präparierten Tiere nicht verstaubt sein. Jedes Staubkörnchen leuchtet im Schräglicht, der hierbei meist angewandten Beleuchtungsart, auf und ist im Bildeindruck nachher sehr störend. Für den vorliegenden Aufnahmezweck der Demonstration ist es vielfach zweckmäßig, das Objekt in seiner natürlichen Umgebung zu zeigen. Man braucht hierzu keine großartige Kulisse aufzubauen, aber ein Blatt, eine Blüte und ein Stein als Hintergrund (es muß selbstverständlich der natürlichen Umgebung entsprechen) wirkt immer lebendiger als ein neutraler Hintergrund. Zumal bei Aufnahmen für Unterrichtszwecke ist diese Aufnahmegestaltung von größter Bedeutung.

Als Aufnahmegerät wird man beide Kameratypen verwenden, die Vertikal- sowie die Horizontalkamera. Durch die beweglichere Horizontalkamera können gewisse perspektivische Wirkungen erzielt werden. Zumal kann man das Objekt von der günstigsten Seite aufnehmen, von der aus alle wichtigen Merkmale zu erkennen sind. So kommt es z. B. bei einigen Insekten darauf an, Fühler, Flügeldecken und Hinterleibsringe gleichzeitig und anschaulich zu zeigen. Bei dieser Aufnahme muß die Kamera schräg hinten in erhöhter Perspektive stehen. Ein anderes Mal kommt es vielleicht darauf an, den Kopf eines Insektes von vorn zu zeigen, so z. B. zur Darstellung der acht Augen bei der Spinne. Solche Aufnahmen sind mit einer Vertikalkamera schwer durchführbar.

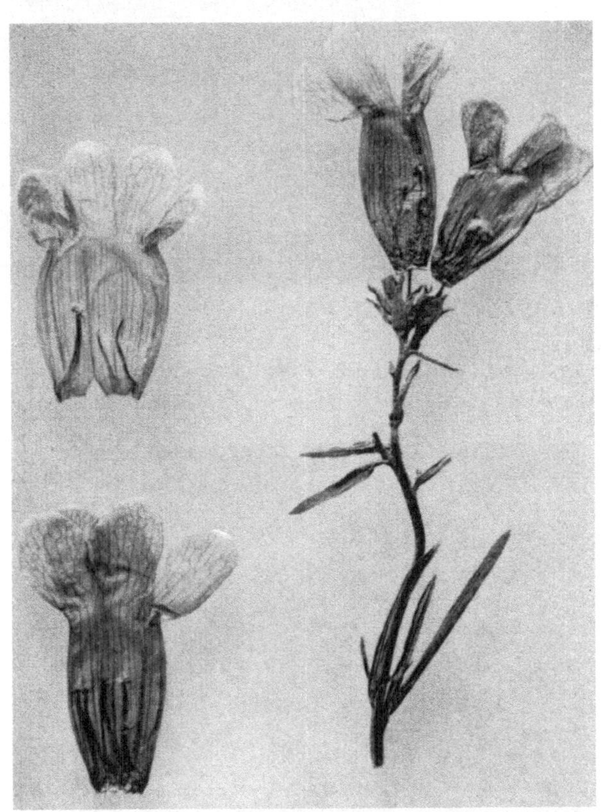

Abb. 42. Botanische Preßpräparate (Linaria vulgaris) kann man wirkungsvoll im kombinierten Licht darstellen. Das Durchlicht betont die Äderung und hebt die störenden Untergrundschatten auf.

Beleuchtungsmäßig arbeitet man am zweckmäßigsten wieder mit dem Zweilampensystem, also mit Schräglicht. Die eine Lampe dient als Lichtlampe, die zweite zur Aufhellung der Schatten, denn auch bei diesen Aufnahmen darf in den Schatten keine Zeichnung verlorengehen.

Auch bei Aufnahmen von Kleintierschädeln oder anderen Skeletten muß auf den richtigen Kamerastandpunkt geachtet werden. Das Objekt muß so zur Kamera liegen, daß alle wichtigen Merkmale zu erkennen sind. Am vorteilhaftesten ist es, wenn man das Objekt in der erforderlichen Stellung mit etwas Plastilin festhält. Also vorwiegend das Objekt zur Kamera ausrichten und nicht umgekehrt die Kamera zum Objekt. Die Ausleuchtung muß sehr sorgfältig vorgenommen werden. Oft reicht man mit zwei Lampen gar nicht aus, denn einmal muß die

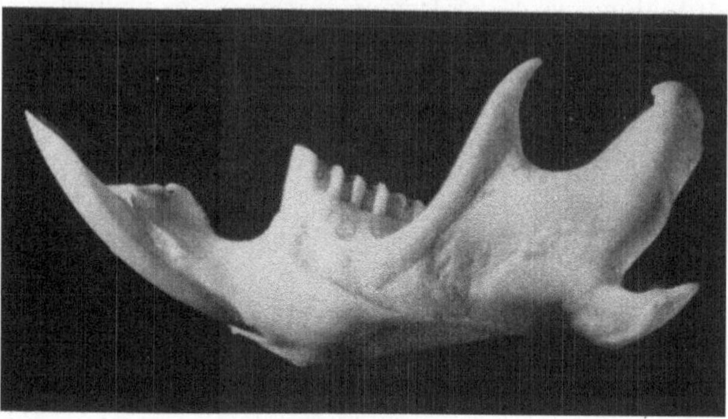

Abb. 43. Dieser Kiefer zeigt alle charakteristischen Merkmale, die durch eine ausgeglichene Licht- und Schattenwirkung betont werden.

äußere Plastik erhalten bleiben, andererseits müssen auch oft Teile innerhalb des Objektes sichtbar sein. Das Innere darf also nicht im absoluten Schatten

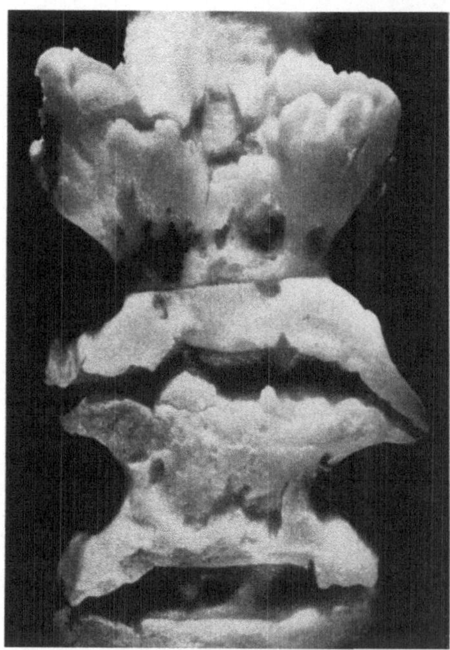

Abb. 44. Zur plastischen Darstellung dieser deformierten Wirbelsäule wurde wieder die Zweifarbenbeleuchtung angewandt. Ohne diese Beleuchtungsart kommt es leicht zu Überstrahlungen.

liegen. So kann man oft eine dritte Lampe mit sehr spitzem Lichtkegel gebrauchen, die in Hohlteile hineinleuchtet. Da man diese Aufnahmen am besten mit einer Horizontalkamera aus einem Winkel von 45° macht, muß man nicht nur für einen neutralen Unter-, sondern auch Hintergrund sorgen. Am zweckmäßigsten spannt man ein schwarzes Tuch oder, was noch besser ist, gutes Velourpapier über Untergrund und aufgestellte Rückwand. Um Überstrahlungen durch das helle Gebein zu vermeiden, werden diese Aufnahmen grundsätzlich mit Farbfilter gemacht, wobei man wieder gut die Zweifarbenbeleuchtung anwenden kann.

Bei botanischen Objekten wird man vorwiegend mit einem neutralen Hintergrund arbeiten, soweit es sich nicht um die Darstellung von Pflanzen in ihrer natürlichen Umgebung handelt. Für Aufnahmen von Samen z. B. wählt man einen schwarzen Objektträger. Baumrinden, Blattoberflächen u. dgl. werden wie jede andere normale rauhe Oberfläche mit zwei Lampen ausgeleuchtet. Kommt es darauf an, Farbunterschiede zu zeigen, z. B. Blatt- oder Obstkrankheiten (Rost, Schorf), ist eine sorgfältige Filterwahl zu treffen (s. Kap. Farbfilter).

Oft muß man mehrere Filterarten durchprobieren, um zum richtigen Ergebnis zu kommen, da die Farbunterschiede vielfach nicht sehr kontrastreich sind. Für solche Aufnahmen eignet sich natürlich immer die Anwendung von Farbfilm besser. Auch hier finden beide Kameratypen ihre Anwendung.

Auf dem medizinischen Gebiet seien besonders Aufnahmen der Haut-Ober- oder -Unterseiten und Knochen-Querschnitten erwähnt, die oft bei der Erzielung der erforderlichen Tiefenschärfe Schwierigkeiten bereiten. Hier ist nur mit

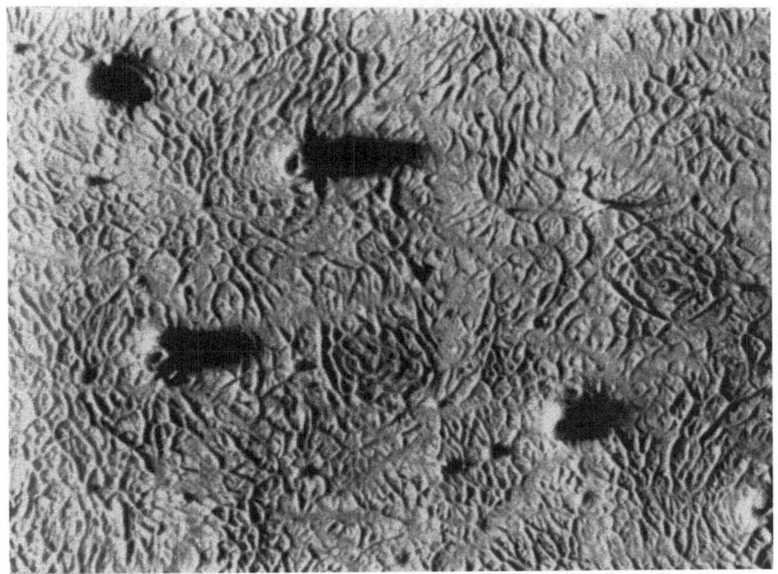

Abb. 45. Bei der Grenzflächendarstellung der Haut kann man durch besonders scharfe Ausleuchtung die Strukturzeichnung betonen. (Aufn. Univ.-Hautklinik Kiel.)

stärkster Abblendung ein gutes Ergebnis zu erreichen. Ist auch dann die Tiefenschärfe noch nicht ausreichend, scheue man sich nicht davor, eine schwächere Vergrößerung zu wählen und dann im Positivverfahren weiter zu vergrößern. Die modernen Objektive sowie die photographischen Emulsionen zeigen ein so gutes Auflösungsvermögen, daß ein späteres Herausvergrößern unbedingt möglich ist und noch alle Strukturelemente klar und scharf zeigt.

5. Aufnahmen von Objekten in Glasbehältern.

Aufnahmen von Objekten in Glasbehältern, wie Reagenzglaskulturen, Flüssigkeiten verschiedener Färbung und Trübung in Gläsern u. a. bereiten in der Praxis meist besondere Schwierigkeiten, weil die Glasgefäße stark reflektieren und dadurch kein klares Bild vom Inhalt zustandekommt. Bei diesen Aufnahmen ist die beleuchtungstechnische Frage die wichtigste. Voraussetzung ist selbstverständlich in allen Fällen, daß die Glasbehälter sehr sauber sind und aus schlierenfreiem Glas bestehen. Da vielfach mit starkem Seitenlicht oder Gegenlicht gearbeitet wird, würde jeder kleinste Glasfehler oder jede Verschmutzung stark reflektieren und den Bildeindruck verschlechtern. Da es sich meist um keine allzu starken Vergrößerungen handelt, können Horizontalkameras mit normalen Photoobjektiven gebraucht werden. Die Schwierigkeit liegt in der Ausleuchtung, die je nach Objektart verschieden vorgenommen werden muß.

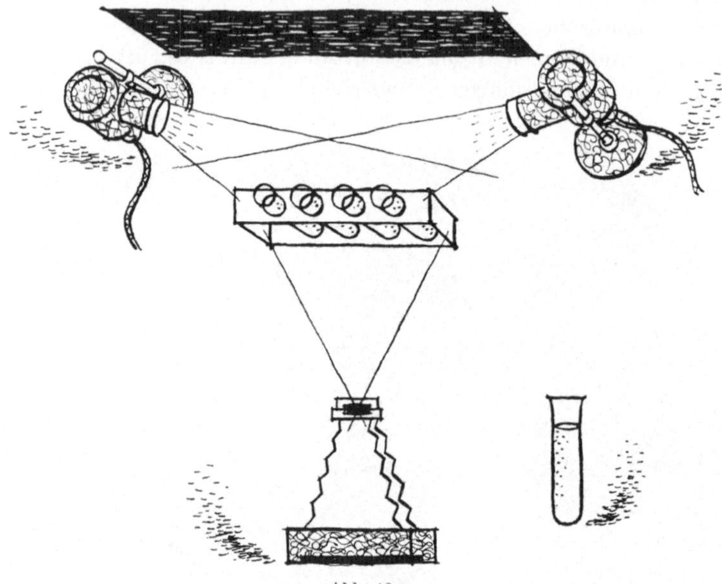

Abb. 46a.

Reagenzglaskulturen werden je nach Dicke der Aga-Schicht seitlich oder von hinten beleuchtet. Ist die Nährschicht so dick oder in der Färbung so dunkel.

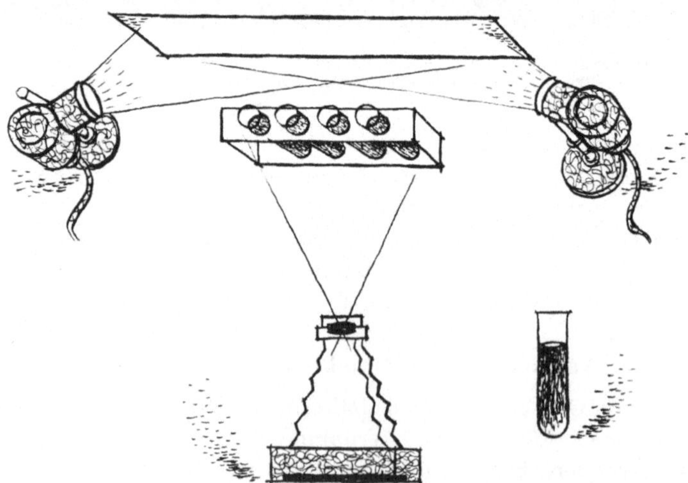

Abb. 46b.

Abb. 46a und b. Schematische Darstellung der Beleuchtungsanordnung für Aufnahmen von Objekten in Glasbehältern. a) Bei hellen Objekten: schwarzer Hintergrund und direktes Gegenlicht. b) Bei dunklen Objekten: heller Hintergrund und indirektes Gegenlicht.

daß sie keine Durchleuchtung mehr zuläßt, werden die Lampen genau seitlich oder in einem ganz schwachen Gegenlichtwinkel aufgestellt. Die Lampenstellung reguliert man nach den Reflexen. die sich an den Seiten der Glasröhren bilden.

Diffuses Licht ist hier immer angebrachter als gerichtetes mit scharfem Lichtstrahl. Man kann auch das Licht über zwei seitlich aufgestellte Reflexionsschirme leiten oder vor die Lampen Opalscheiben setzen, damit man ein ausgesprochen diffuses Licht bekommt. Bei einer dünnen Nährschicht stellt man hinter das Objekt einen weißen Schirm und beleuchtet diesen mit den Lampen. Also auch hier nicht direktes, sondern indirektes Licht verwenden. Sind die Reflexe auf

Abb. 47. Zur Darstellung von Flüssigkeiten verschiedener Trübung wählt man einen schwarzen Hintergrund und beleuchtet schräg von hinten. Bei der Einrichtung der Beleuchtung muß auf Reflexe im Glas geachtet werden. (Coli-Aufschwemmung verschiedener Konzentration.)

den gewölbten Flächen des Reagenzglases trotz aller Vorsichtsmaßnahmen nicht zu beseitigen, empfiehlt es sich das Objekt durch die Nährschicht hindurch zu photographieren. Voraussetzung hierfür ist natürlich, daß es sich um einen relativ klaren Nährboden handelt und außerdem nicht die Oberflächenstruktur des Objektes gezeigt werden soll, sondern nur die Umrisse, wie es z. B. bei vielen Bakterienkulturen der Fall ist. Durch die besseren Lichtbrechungsverhältnisse erhält man mit dieser Methode fast immer reflexfreie Wiedergaben.

Vergleichsaufnahmen von Flüssigkeiten verschiedener Färbung und Trübung werden in ähnlicher Weise hergestellt. Hier wählt man bei dunklen Flüssigkeiten ebenfalls wieder einen hellen Hintergrund, der von 1—2 Lampen angestrahlt wird. Helle Flüssigkeiten zeigen natürlich bessere Kontraste vor einem dunklen Hintergrund. Sie werden deshalb mit diffus strahlenden Lampen schräg von hinten beleuchtet.

Bei Einstellung der Lampen sind nicht nur das Objekt selber zu beachten, sondern auch die Reflexe, die sich auf den Gläsern bilden. Es dürfen nur an den äußersten Rändern der Gläser schmale Lichtstreifen zu erkennen sein. Zweckmäßig ist es, die Aufnahmen in einem fensterlosen bzw. abgedunkelten Raum zu machen, damit sich die Fenster nicht im Glas spiegeln können. Botanische

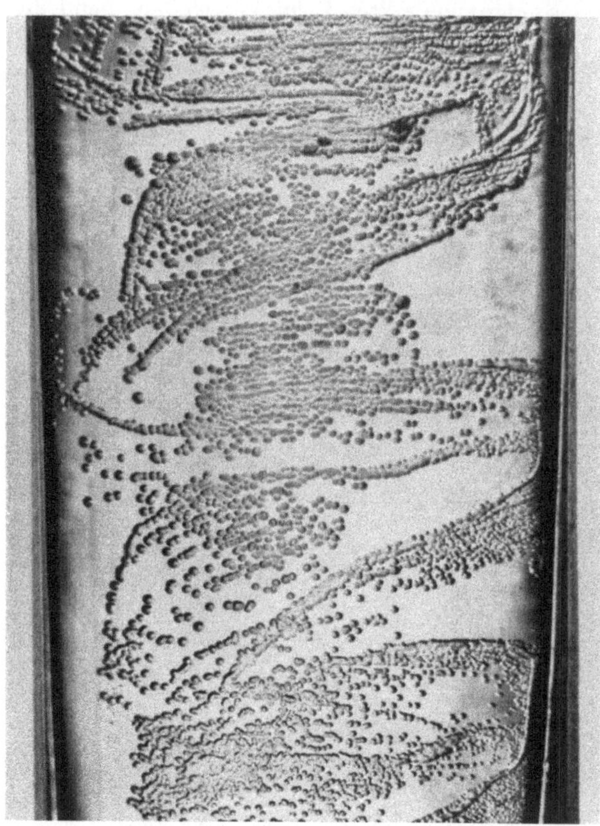

Abb. 48. Reagenzglaskulturen photographiert man am zweckmäßigsten durch die Nährschicht mit indirektem Gegenlicht. Dadurch erhält man ein reflexfreies Bild und trotzdem eine plastische Darstellung. (Streptococcus faecalis, Reagenzglaskultur.)

Weckglaskulturen (Vergleichsaufnahmen von Keimlingen, jungen Pflänzchen u. dgl.) bereiten bei der Ausleuchtung ebenfalls Schwierigkeiten, da das Glas nie fehlerfrei ist. Da man hier auch meist mit dunklem Hintergrund und Gegenlicht arbeitet, muß man oft lange probieren, bis man die günstigste Lampenstellung erzielt hat, bei der die Glasfehler nicht so stark in Erscheinung treten. Meist ist es ratsam, während der Ausleuchtung den Verschluß des Behälters zu öffnen. da sonst das Glas von innen beschlägt und somit eine Aufnahme unmöglich macht.

Da es sich bei diesen Objekten vorwiegend um Vergleichsaufnahmen handelt. bei denen verschiedene Farbtöne den Unterschied bringen, ist es ratsam, eine sorgfältige Filterung vorzunehmen. In vielen Fällen wird man mit den Filtern der Gelb-Grün-Reihe auskommen, in manchen dagegen ist die Anwendung eines Orangefilters nötig.

6. Aufnahmen von feuchten Organteilen und Objekten mit starker Eigenreflexion.

Aufnahmen von frischen Operationspräparaten oder konservierten Objekten zeigen bei der gewöhnlichen Ausleuchtung stets starke Oberflächenreflexe, die das

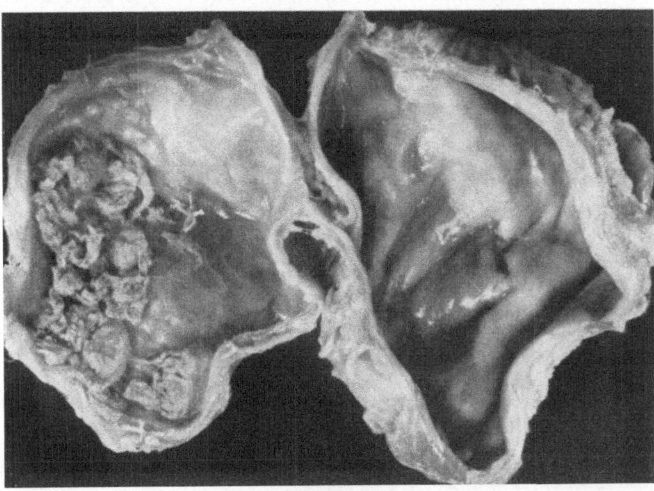

Abb. 49. Die zerklüftete Struktur dieses Operationspräparates erfordert eine sorgfältige Ausleuchtung. Zur Reflexverminderung wird das Objekt unter Wasser gelegt. (Cyste der Gesäßmuskulatur, altes Hämatom.)

Bild unruhig erscheinen lassen. Zur Ausschaltung dieser störenden Reflexe gibt es eigentlich nur ein wirklich wirksames Mittel. Man legt die Objekte in klare Flüssigkeiten, wie Wasser, Alkohol, Formalin oder dgl., so daß sie ganz bedeckt sind. Mit dieser Methode können die Oberflächenreflexe vollkommen ausgeschaltet werden. Die Aufnahme muß natürlich an einem ruhigen Ort ohne jede Vibration gemacht werden, damit sich die Flüssigkeitsoberfläche nicht bewegt. Außerdem muß auf die Lampenstellung geachtet werden, damit sich das Licht nicht auf der Wasseroberfläche spiegelt. Bei frischen Operationspräparaten macht weiterhin die Blutung Schwierigkeiten,

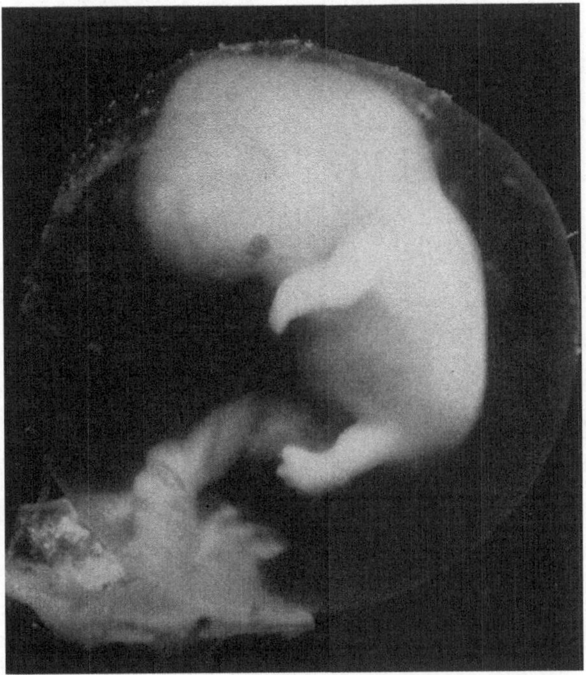

Abb. 50. Zur plastischen Darstellung dieses Embryos wurde wieder zweifarbig beleuchtet. Selbstverständlich lag auch dieses Objekt unter Wasser.

doch lassen sich die meisten Präparate auswaschen, bevor man sie aufnimmt. Wenn das Wasser übrigens ganz schwach gefärbt ist, stört es bei der Aufnahme nicht sonderlich, d. h. wenn es sich nicht um eine Farbaufnahme handelt. Unangenehm sind Aufnahmen von Objekten, die schon eine Zeitlang konserviert waren und ausgeblichen sind. Sie zeigen wenig Strukturzeichnung, und bei hellen Objekten, wie Embryonen, Larven u. dgl., ist es schwer, die erforderliche plastische Wirkung zu erhalten, da sie eine starke Eigenreflexion besitzen. Schon bei einer Schrägausleuchtung mit nur einer Lampe wirken diese Objekte wie weiße Silhouetten, denen jede Zeichnung und Plastik fehlt. Die einzige Möglichkeit, diese Objekte wirklich anschaulich wiederzugeben, wird mit der Anwendung der Zweifarbenfilterung erzielt. Diese Ausleuchtungsmethode wurde bereits in vorherigen Kapiteln ausgiebig beschrieben, so daß eine nähere Erläuterung hier nicht mehr nötig ist. Die Licht- und Schatteneffekte werden also nicht mit Hilfe verschiedener Lichtintensitäten erzeugt, sondern mit zwei verschiedenen Farbwirkungen.

7. Aufnahmen von kleinen technischen Objekten.

Aus der Fertigungskontrolle und Werkstoffprüfung der modernen Industrie ist die Makrophotographie heute nicht mehr fortzudenken. Alle gelieferten Materialien werden einer genauen Kontrolle unterzogen. Schadstellen am Material werden photographiert und das optische Bild zur Bekräftigung der Reklamation an den Lieferanten eingesandt. Weiterhin werden Untersuchungen über Abnutzung des Materials bei laufender Beanspruchung durchgeführt, sowie Bruch-, Riß-, Dehnungsstellen usw. photographisch festgehalten. Ein solches industrielles Labor muß apparativ zweckmäßig ausgerüstet sein, damit der laufende Anfall an Material schnell und reibungslos untersucht werden kann, ohne Störungen im Produktionsgang zu verursachen. Neben mechanischen Prüfgeräten werden auch immer solche zur Herstellung von mikro- und makroskopischen Prüfaufnahmen vorhanden sein.

Abb. 51. Kontrollaufnahme eines Druckbuchstabens. Die Ausleuchtung wurde mit zwei Lampen mit verschiedener Lichtintensität vorgenommen. Feinste Unregelmäßigkeiten müssen klar zu erkennen sein.

In der Metallindustrie kommen abweichend von den bisherigen plastischen Objekten solche mit geschliffener und polierter Oberfläche vor. Für Übersichtsaufnahmen dieser Metallschliffe werden spezielle Apparaturen benötigt. Außer der normalen Vertikalkamera ist ein Mikroskopstativ erforderlich, das die Anbringung

eines „Übersichtsilluminators" erlaubt (Leitz-Panphot, Ortholux, BMe). Dieser Übersichtsilluminator besteht aus einem weiten Tubus mit einer Lichtabschluß-
manschette für die Kamera am oberen Ende und einem Gewinde zur Aufnahme des Makroobjektivs am unteren und dem eigentlichen Illuminator, der unterhalb des Objektivs angebracht wird. Das aus horizontaler Richtung kommende Licht wird im Illuminator durch ein Plangläschen in die optische Achse abgelenkt und beleuchtet somit die Objektoberfläche genau senkrecht. Hierbei ist zu beachten, daß das Objekt planparallel unter dem Illuminator liegt, da sonst keine gleichmäßige Ausleuchtung möglich ist. Mit Hilfe einer gerichteten Handpresse können die Schliffe planparallel in Plastilin eingedrückt werden.

Zur Erhöhung der Kontraste werden bei der Aufnahme strenge Grünfilter verwandt. Schleifspuren auf Hochglanzpolituren, Diamantritzstellen auf Glasplatten u. a. können ebenfalls auf diese Art aufgenommen werden.

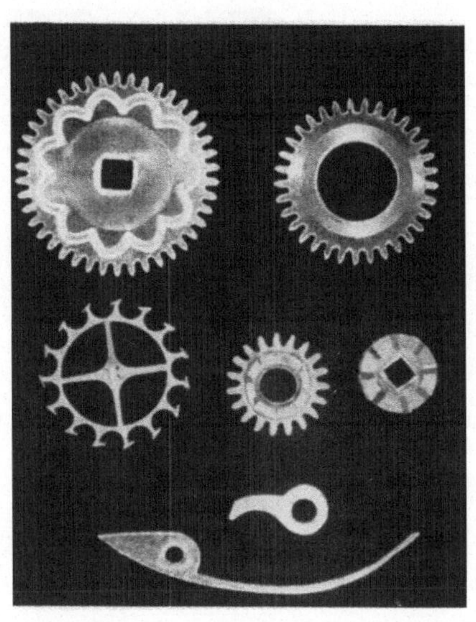

Abb. 52. Bei Kontrollaufnahmen von flachen Objekten verwendet man zur Ausleuchtung Ring- oder Planglasbeleuchtungen. (Getriebeteile einer Uhr. Vergr. 4fach.)

Querschnitte durch Objekte verschiedener Materialschichten (Kabel mit Isoliermänteln, Lackfolien, Preßbleche u. dgl.) werden zur Kontrolle der Schichtdicke

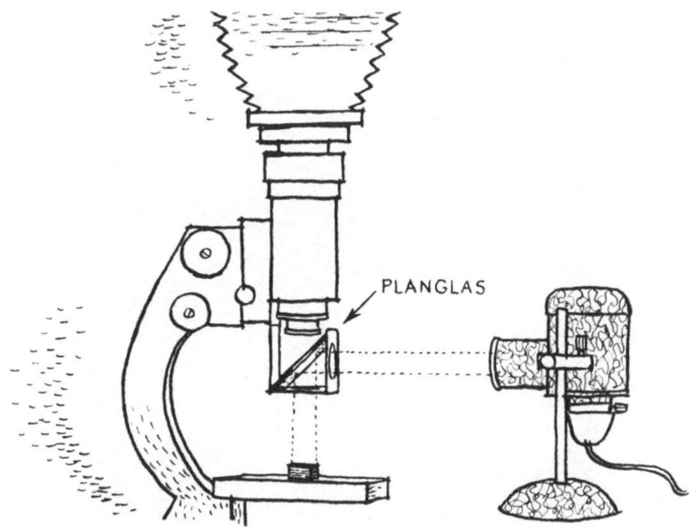

Abb. 53. Schematische Darstellung der Planglasbeleuchtung, wie sie für Aufnahmen von geschliffenen und polierten Oberflächen benötigt wird.

und Gleichmäßigkeit ebenfalls mit dem Übersichtsilluminator aufgenommen. Hierzu werden die Objekte in Kunstharze eingebettet und die Querschnittoberfläche angeschliffen. Dann wird der Schliff wie ein Metallschliff in Plastilin mit einer Handpresse planparallel eingedrückt und unter die Kamera gebracht. Bei diesen

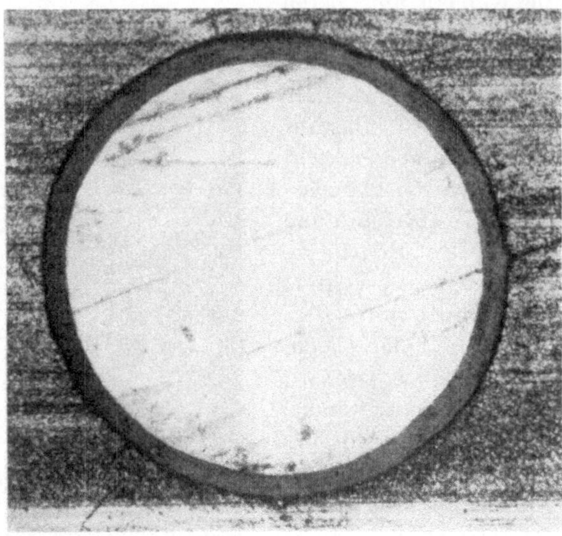

Abb. 54 a.

Untersuchungsarten ist eine Schräglichtbeleuchtung oft nicht angebracht, da durch störende Reflexe der Bildeindruck zu unruhig wird.

Objekte mit rauhen Oberflächen werden mit einer normalen Vertikalkamera photographiert und mit zwei sich gegenüberstehenden Lampen ausgeleuchtet.

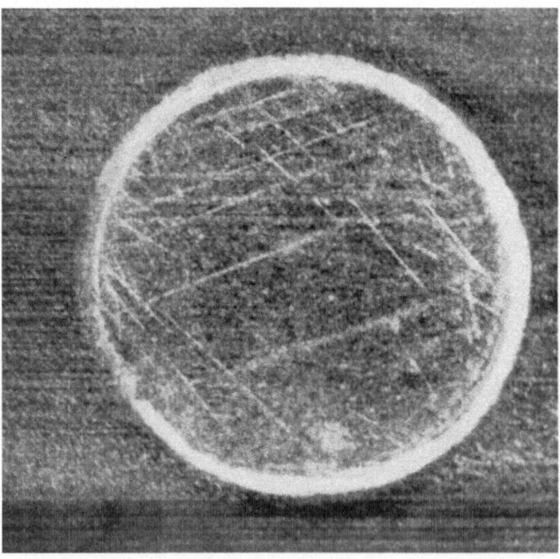

Abb. 54 b.

Abb. 54 a u. b. Querschnitt durch einen Draht mit einer aufgedampften Spezialisolierschicht. Drahtdurchmesser ca. 1 mm, Isolierschichtdicke ca. $^1\!/_{20}$ mm. Kunstharzeinbettung, angeschliffen. (Balgenkamera, Summar 24 mm).
a) Bei der Planglasbeleuchtung kommt die Isolierschicht scharf begrenzt und kontrastreich zur Darstellung.
b) Einfache Schrägbeleuchtungen führen zu Reflexen und Überstrahlungen und ergeben kein exaktes Bild mehr.

Meist eignen sich auch hier wieder zur Beleuchtung Mikroskopierlampen, die mit ihrem gerichteten Licht sehr hell sind und die besten Effekte erzielen. Je nach Oberflächenstruktur werden die Lampen mehr oder weniger schräg auf das Objekt gerichtet. Bei Metallbrüchen z. B. muß darauf geachtet werden, daß das

Abb. 55b.

Abb. 55a.

Abb. 55a u. b. Bruchprofile können durch falsche Ausleuchtung ein völlig irriges Bild geben. Der Bruch, der in a) in seiner ganzen Plastik wiedergegeben wird, zeigt in b) ein viel zu flaches Profil, welches durch zu steile Ausleuchtung hervorgerufen wurde.

Licht bis in die Tiefe der Bruchkontur gelangt, dabei aber trotzdem die plastische Wirkung erhalten bleibt. Man muß also immer erkennen können, wie tief die Bruchkontur ist, außerdem, wie sie in der Tiefe aussieht, da oft ein verborgenes Kristall oder ein anderer Fremdkörper die Ursache eines Bruches oder Risses ist. Bei einem groben Bruch dürfen also die Lampen nicht zu flach stehen, da ihr Lichtschein sonst nicht bis in die starken Vertiefungen dringt. Eine ausgeglichene

Licht- und Schattenwirkung wird am besten mit Verstellen der Reguliertransformatoren erreicht. Man richtet zunächst den Lichtstrahl der Lampen einzeln auf das Objekt ein, läßt eine Lampe auf voller Stärke brennen und reguliert die zweite unter Beobachtung des Mattscheibenbildes bis zur richtigen Aufhellung der

Abb. 56. Dieser Bruch einer Zangenklemme hat eine außerordentliche Tiefe. Aber auch hier darf nicht steil angeleuchtet werden, damit der Charakter des Bruches erhalten bleibt.

Schatten ein. Es ist keinesfalls angebracht, die Lichtstärkenregulierung auf der Objektoberfläche direkt zu kontrollieren, da man hierbei leicht ein falsches Bild bekommt. Nur auf der Mattscheibe kann der richtige Effekt festgestellt werden.

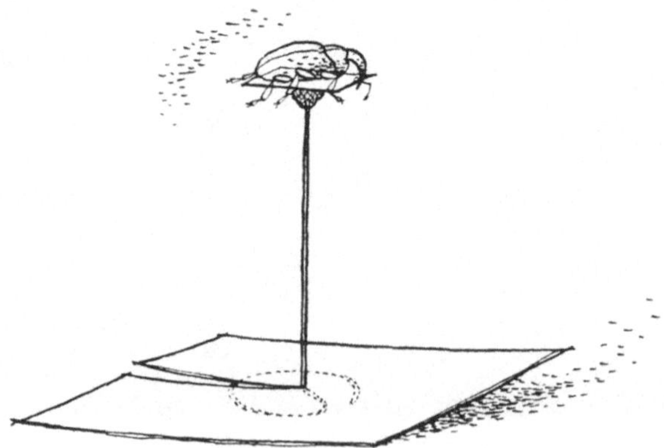

Abb. 57. Für biologische und technische Objektaufnahmen kann man sich ein kleines Gestell zur Vermeidung der Untergrundschatten basteln. Es besteht aus einem Draht, der unten zu einem Fuß gebogen ist, über den ein Papier geschoben wird. Am oberen Ende wird mit Plastilin das Objekt befestigt. Bei einer Schrägbeleuchtung fallen die Schatten außerhalb des Sehfeldes auf den Untergrund.

Auch bei Aufnahmen dieser Objekte hat sich die Zweifarbenbeleuchtung bewährt, da die subjektive Wirkung oft ganz anders ist, als die photographische Platte es nachher wiedergibt. Hat man es mit Objekten zu tun, die sehr stark reflektieren, kann man sie, sofern sie es zulassen, unter Wasser aufnehmen, da hierdurch die Reflexe vollkommen ausgeschaltet werden.

Die meisten technischen Objekte werden auf einem dunklen Untergrund aufgenommen. Als Unterlagen eignen sich schwarze Glasplatten oder schwarze

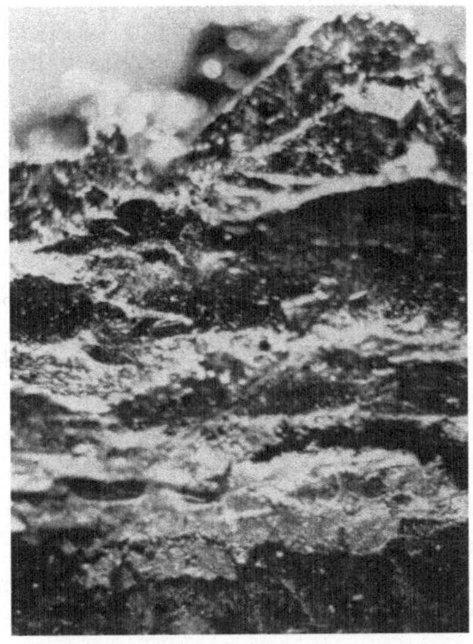 

Abb. 58 a.   Abb. 58 b.

Abb. 58 a u. b. In der Metallographie, Kohlenpetrographie u. ä., in denen man es teilweise mit schieferförmigen Strukturen zu tun hat, kann man zur Erzielung der erforderlichen Tiefenschärfe die Stufeneinstellung anwenden. Bei dieser Steinkohlenstruktur konnte die Tiefenschärfe in der normalen Aufnahme (a) nicht gelöst werden. In drei Stufen aufgenommen (b) zeigen alle Ebenen ausreichende Schärfe.

Metallobjektträger. Die Objekte werden in Plastilin eingedrückt und können so in die für die Aufnahme passende Stellung gebracht werden. Soll dagegen ein

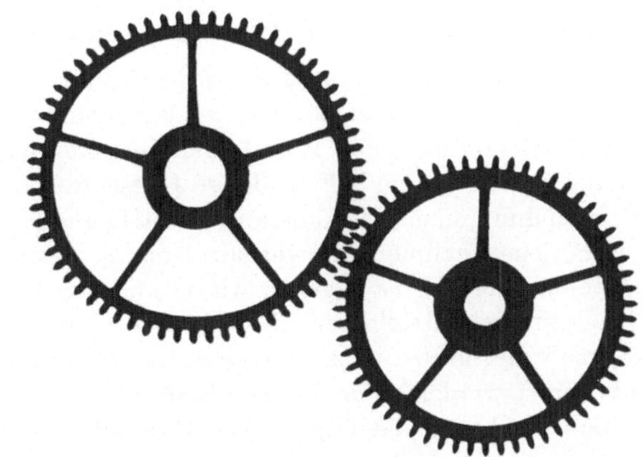

Abb. 59. Zur Genauigkeits- oder Abnutzungskontrolle sowie für Meßzwecke können Werkstücke in der Profilprojektion photographiert werden. Erforderlich sind diffuses Durchlicht (Opalscheibe) oder paralleles Durchlicht (asphärische Beleuchtungslinse). Zur Vermeidung von Überstrahlungen wird farbiges Licht empfohlen.

heller Untergrund gewählt werden, muß das Objekt erhöht werden, damit keine störenden Untergrundschatten im Bildfeld verursacht werden. Dieses kann mit Hilfe einer Glasplatte oder einem kleinen Drahtgestell geschehen. Die Höhe muß

4*

je nach Lampenstellung gewählt werden. Bei sehr flach auffallendem Licht wird der jeweilige Untergrundschatten schon nach Abheben von wenigen Zentimetern aus dem Bildfeld verschwinden. Bei Metalltiefenätzungen treten bei starken Vergrößerungen oft Schwierigkeiten in der Erzielung der erforderlichen Tiefenschärfe ein. Hierbei kann man sich in vielen Fällen mit einer Stufeneinstellung helfen, zumal wenn die einzelnen Höhenunterschiede schieferförmig angeordnet sind. Zur Stufenaufnahme werden 2—3 Belichtungen auf ein Negativ durchgeführt bei jeweiliger Änderung der Schärfenebene. Voraussetzung ist, daß eine Spiegelreflexkamera zur Aufnahme vorhanden ist, damit nach jeder Einzelbelichtung die neue Schärfenebene eingestellt werden kann. Die Gesamtbelichtungszeit muß bei zwei Einzelbelichtungen um $^1/_3$, bei drei Einzelbelichtungen um $^1/_2$ gegenüber der normalen Belichtungszeit verlängert werden. Würde man also die normale Aufnahme mit 10 sec belichten, müßte bei einer Zweistufenaufnahme jede Stufe mit $6^1/_2$ sec, bei einer Dreistufenaufnahme jede Stufe mit 5 sec belichtet werden. Die Negative müssen in einem Ausgleichsentwickler (etwas über normale Verdünnung) langsam aufbauend kräftig entwickelt werden.

Profilaufnahmen von Zahnrädern, Schrauben, Sägeblättern u. dgl. werden nicht auf weißer Unterlage, sondern im diffusen oder parallelen Durchlicht gemacht. Beleuchtungseinrichtungen, wie die schon früher erwähnte Makro-Dia-Einrichtung, eignen sich hierfür nicht, da sie durch ihr Kondensorsystem auch bei Verwendung einer Mattscheibe als Unterlage ein zu scharfes Licht geben und dadurch die Objektränder überstrahlen. Am besten eignen sich Leuchtkästen, wie sie zu Reproduktionen von Röntgennegativen verwandt werden. Sie müssen mit einer gleichmäßig, nicht zu hell ausgeleuchteten Opalscheibe versehen sein. Verwendung von Gelbfiltern zur Aufnahme vermeiden Überstrahlungen bzw. zu starke Kontraste, die durch die weiße Opalscheibe entstehen können. Die Belichtungszeit muß möglichst so gehalten werden, daß das Negativ nach der Entwicklung nicht zu stark gedeckt ist.

8. Aufnahmen von Münzen, Kleinreliefs und Mosaiken.

In der Münzherstellung und Sammlung wird ebenfalls viel mit der Makrophotographie gearbeitet. Der Münzsammler, der lediglich seine Stücke katalogisieren will, kann sich schon mit einer Kleinbildkamera und den standardisierten Hilfsgeräten für die Nahaufnahme helfen. Diese Hilfsgeräte (meist Spinnenbeingeräte) gewährleisten ihm immer eine konstante Schärfe und lassen am schnellsten und einfachsten Serienaufnahmen bei verhältnismäßig geringem Aufwand zu. In der Münzherstellung kommt es dagegen wie in anderen Industriezweigen auf die laufende Produktionskontrolle an. Neben den Untersuchungen am Vergleichsmikroskop soll die Münze ganz allgemein auf Präzisionszustand, Fehlerstellen u. dgl. überprüft werden. Für diese Aufnahmezwecke wird eine Vertikalkamera mit Ringbeleuchtung benötigt. Die Ringbeleuchtung wird je nach Relieftiefe der Münze in der Höhe verstellt. Kommt es auf exakte Reliefzeichnungen an, wird man die Beleuchtungseinrichtung so tief wie möglich stellen, um einen Dunkelfeldeffekt zu erzielen, der die Strukturzeichnung auf dunklem Untergrund scharf begrenzt wiedergibt.

Bei Aufnahmen von Kleinreliefs würde die Ausleuchtung mit der Makroringbeleuchtung zu gleichmäßig werden. Die Beleuchtung muß hier sehr effektvoll das künstlerische Moment betonen und darf gern etwas extrem gewählt werden. Man wird also wieder mit zwei Lampen arbeiten, muß aber auch hierbei immer darauf achten, daß in den Schatten die erforderliche Zeichnung erhalten bleibt. Als Aufnahmegerät eignet sich eine Horizontalkamera am besten, da sie erlaubt. in verschiedenen Perspektiven aufzunehmen, was die Aufnahme besonders wirksam macht. Der Untergrund muß bei diesen Objekten (meist Schmuck) der künstlerischen Note desselben angepaßt sein. Dunkelfarbiger Samt, moderne grobgewebte Stoffe, je nach Objektart, lassen sich hierfür verwenden. Doch hier grenzt das Aufnahmegebiet hart an die künstlerische bzw. werbemäßige Photographie.

Abb. 60a. Abb. 60b.

Abb. 60a u. b. Diese beiden Abbildungen zeigen sehr gut, welche Effekte man mit der verschiedenen Höheneinstellung der Ringbeleuchtung erhält. Bei Abb. a stand die Ringbeleuchtung fast in Höhe des Objektivs. Bei Abb. b wurde sie ganz flach über das Objekt gebracht. Durch diese Dunkelfeldwirkung wird die Zeichnung der Münze besonders betont.

Bei Aufnahmen von Kleinmosaiken wird man in den meisten Fällen wieder die Ringbeleuchtung wählen, da sie durch ihre gleichmäßige Lichtverteilung die besten Ergebnisse zeigt. Die übliche Schrägbeleuchtung würde bei den oft unregelmäßigen Oberflächen der Mosaiken das Bild unruhig erscheinen lassen. Bei diesen Aufnahmen ist eine gute Farbwiedergabe entscheidend. Meist wird man also mit Farbfilm photographieren, wobei zu beachten ist, daß eine Kunstlichtemulsion gewählt wird. Sollen aber Schwarz-Weiß-Aufnahmen hergestellt werden, muß sehr sorgfältig gefiltert werden, damit die Farbwerte auch in den richtigen Grauwerten wiedergegeben werden. Hier zeigen durchschnittlich erst Probeaufnahmen bei Verwendung verschiedener Farbfilter das richtige Ergebnis.

9. Aufnahmen von Textil- und Papiervorlagen.

Wie in den meisten Industriezweigen wird auch in der Textil- und Papierindustrie die laufende Produktionskontrolle im Photogramm festgehalten. Neben mikroskopischen Faseruntersuchungen werden Gewebe- und Fadenarten sowie Webfehler in den Prüflabors der Werke untersucht und zur Dokumentierung photographisch festgehalten. Da es sich vorwiegend um sehr flache Objekte handelt, kommt stets eine streifende Beleuchtung zur Anwendung. Sollen verschiedene Fäden in einer Vergleichsaufnahme gezeigt werden, spannt man diese mit etwas Plastilin auf einen schwarzen Kristallobjektträger. Sind die Dicken der einzelnen Fadenarten zu unterschiedlich, empfiehlt es sich, bei starken Vergrößerungen Einzelaufnahmen anzufertigen und die einzelnen Negative nachher

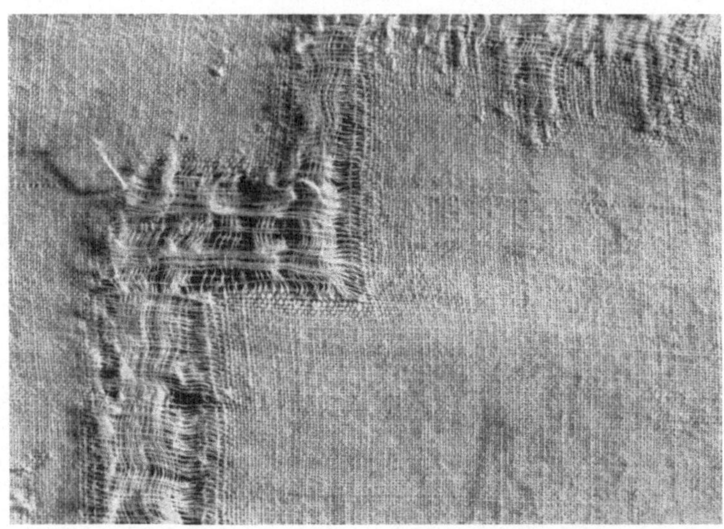

Abb. 61. Grobe Webfehler sind leicht zu photographieren. Grundsätzlich wird hier mit flacher Beleuchtung gearbeitet. (Webfehler in Wäscheleinen.)

Abb. 62. Fadenausfall in einem sehr feinen Seidengewebe (Vergr. 20fach). Hier mußte das Licht etwas steiler kommen, damit das Grundgewebe nicht im Schatten untergeht. Durch die Anwendung der Zweifarbenbeleuchtung blieb aber die plastische Wirkung erhalten.

auf ein Positiv zu kopieren. Erst dann hat man die Gewähr, eine hinreichende Tiefenschärfe zu erhalten, außerdem kann die Beleuchtung speziell auf jede Fadenstruktur eingerichtet werden. Das Licht wird man am zweckmäßigsten in Längsrichtung des Fadens flach auffallen lassen und mit Hilfe der verschiedenen Lichtintensität die Konturen der einzelnen Fäden plastisch herausholen.

Bei Vergleichsaufnahmen von Geweben oder Aufnahmen von Webfehlern wird das Objekt ebenfalls auf der Unterlage unter der Kamera gespannt. Als Unterlage

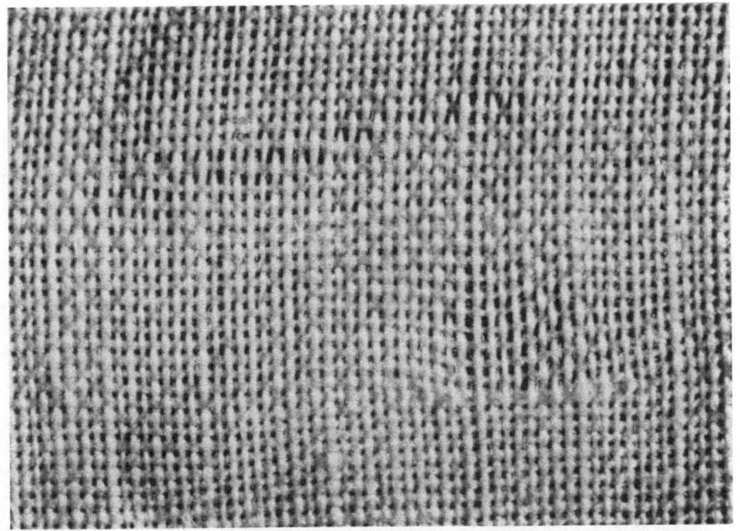

Abb. 63. Diese Fadenverschiebung in sehr feinem Leinen konnte nur mit streifendem Licht hinreichend dargestellt werden.

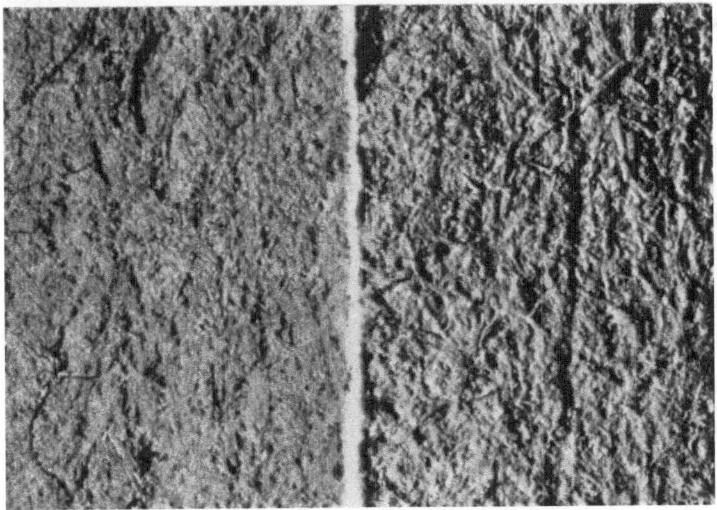

Abb. 64. Die streifende Beleuchtung wird auch bei Kontrollaufnahmen von Papieroberflächen angewandt. Vergleich der Rauhigkeit zweier Packpapiere.

eignen sich gut die mit Filz belegten Makro-Tische. Zum Spannen kann man Metallringe verwenden, die auf das Objekt gelegt werden und es gleichzeitig beschweren. Es kommt auf alle Fälle darauf an, daß das Gewebe wirklich planparallel ohne Falten oder Wellen unter der Kamera liegt. Auch das Spannen des Stoffes auf zwei Holzringe (in Art der Stickrahmen) hat sich gut bewährt.

Die Beleuchtung muß auch hier wieder streifend eingestellt werden, damit die Gewebestruktur plastisch hervortritt. Bei diesen Aufnahmen reicht man vielfach schon mit einer einseitigen Lichtquelle aus. Webfehler können durch Beleuchtungseffekte besonders betont werden.

Neben der Papierkontrolle auf makroskopisch kleine Löcher, die im kombinierten Durch- und Auflicht durchgeführt wird, ist für den Papierhersteller die

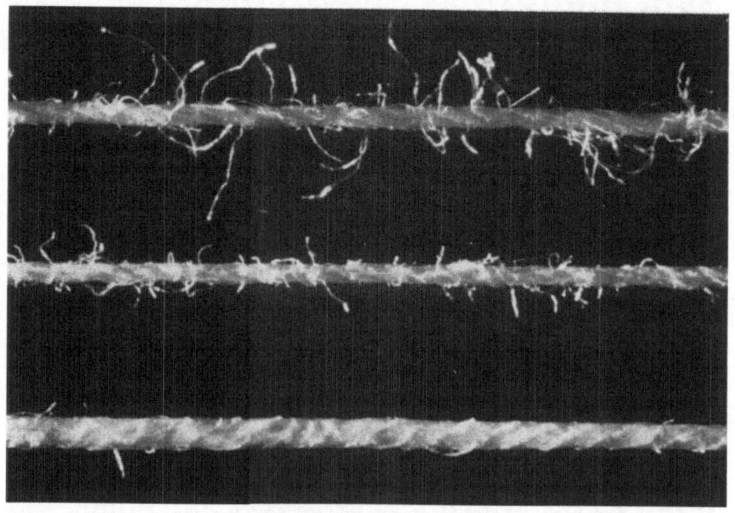

Abb. 65. Zur Vergleichsdarstellung von Fäden spannt man diese je nach Farbton auf helle oder dunkle Glasplatten. Das Licht muß flach in Längsrichtung über den Faden streifen, damit Struktur und Faserigkeit deutlich sichtbar werden. (Von oben nach unten: Twist, Nähseide, Zwirn.)

Untersuchung der Papieroberfläche von Wichtigkeit. Diese Aufnahmen bereiten keine großen Schwierigkeiten. Es ist nur zu beachten, daß das Papier plan unter der Kamera liegt. Aufgesetzte Metallringe zur Beschwerung des Materials verhelfen dazu. Schon die kleinsten Dellen und Falten machen sich bei der extrem flachen Beleuchtung störend bemerkbar. Der Lichtstrahl (es muß unbedingt gerichtetes Licht sein) muß ganz flach über das Papier streifen. Bei einigen Papieren genügt eine einseitige Beleuchtung. Sind die Licht- und Schattenkontraste aber zu stark, was bei groben Packpapieren und Pappen leicht zu Fehlschlüssen führen kann, arbeite man lieber mit zweiseitiger Ausleuchtung. Auch die Zweifarbenbeleuchtung hat sich auf diesem Gebiet gut bewährt.

10. Makroaufnahmen von Kristallen.

Neben Kristallaufnahmen im Durchlicht bei Flachkristallisation, die in der gleichen Art wie Gesteinsdünnschliffe hergestellt werden, sind solche im auffallenden Licht außerordentlich schwierig. Zwei Probleme treten immer wieder auf, einmal das der Tiefenschärfe, zum anderen das der Reflexe. Für die Erzielung der erforderlichen Tiefenschärfe gilt grundsätzlich dieselbe Regel: nicht so

übermäßig stark vergrößern. Es ist natürlich verlockend, ein Kristall überlebens-
groß auf der Mattscheibe zu sehen. Bedeutend einfacher ist die Aufnahme aber
bei schwächerer Vergrößerung. Das Auflösungsvermögen der Objektive und

Abb. 66a. Bei Aufnahmen von Kristallen muß man sehr mit der Beleuchtung experimentieren. Reflexbildung.
aber auch Tiefenschärfe werden hier zum Problem. (Quarz mit Rutilnadeleinschlüssen. Summar 80 mm.)

Abb. 66b. Das gleiche Objekt vergrößert zur Darstellung der Rutilnadeln. (Summar 42 mm.)

Materialien ist heute so gut, daß auch bei kleineren Abbildungsmaßstäben feinste
Strukturzeichnungen wiedergegeben werden. Natürlich darf man auch hierin
nicht übertreiben. Oft genügt allein ein Verringern des Balgenauszuges um 10 cm
oder ein Objektivwechsel um 5 mm Brennweite. In diesen Grenzfällen kommt es

in der Hauptsache auf wirklich exakte Einstellung an. Bei geöffneter Blende muß die Schärfenebene genau an der Grenze vom ersten zum zweiten Drittel liegen (von der Kamera aus gerechnet). Oft führt schon ein Kontrollieren dieser Schärfenebene zum gewünschten Schärfeergebnis.

Größere Schwierigkeiten dagegen bereitet die Ausschaltung der Reflexe. Hier müssen je nach Art der Kristalle verschiedene Wege gegangen werden. In den meisten Fällen wird man Polarisationsfilter zu Hilfe nehmen. In einigen Fällen ist das Vorschalten nur eines Polarisationsfilters schon ausreichend, in

Abb. 67. Zur plastischen Darstellung dieser Kolonie von Kalkspatkristallen mußte mit einer komplizierten Beleuchtung gearbeitet werden. Ein durch eine Streifenblende tretendes Durchlicht erhellt das Objekt, ein schräges diffuses Auflicht sorgt für Licht- und Schattenwirkung. Die Richtung des Auflichtes muß gut auf Reflexbildung überwacht werden.

anderen Fällen erzielt man gute Effekte, wenn man zwei gekreuzte Polarisationsfilter verwendet. Diese Methode führt zwar einen bedeutenden Lichtverlust mit sich, doch ist bei den vorliegenden Objekten eine längere Belichtung ohne weiteres möglich. Auch ein Durchleuchten (Makro-Dia-Einrichtung) hat sich bei manchen körperlichen Kristallen ähnlich wie bei den flachauskristallisierenden gut bewährt. Auch hier werden wieder zwei gekreuzte Polarisationsfilter verwandt.

Kristalle, die in bestimmten Flüssigkeiten ausfällen, sind am leichtesten aufzunehmen, da sich bei diesen keine Reflexschwierigkeiten ergeben. Die für das einzelne Kristall günstigste Aufnahmeart muß jeweils ausprobiert werden. Oft sind schon die einzelnen Größenverhältnisse der Kristalle für die richtige Wahl der Aufnahmeart entscheidend. Ist die Anwendung von Polarisationsfiltern nicht möglich, ist zur Ausleuchtung ein diffuses Licht, am zweckmäßigsten bedecktes Tageslicht, zu wählen, um die Reflexe so weit wie irgend möglich zu vermindern.

In vielen Fällen, bei farbigen oder farbig-polarisierenden Kristallen, sollte man vorwiegend mit Farbmaterial arbeiten, da die hauptsächliche Wirkung in der Schwarz-Weiß-Wiedergabe verlorengehen würde, denn oft ist nicht nur die Kristallform, sondern auch die Färbung ausschlaggebend. Die Ermittlung der richtigen Belichtungszeit gerade bei Polarisationsaufnahmen ist außerordentlich schwer, da sie sich keinesfalls mehr mit einem üblichen Belichtungsmesser ausmessen läßt. Darum lohnt es, gerade bei diesen Aufnahmen nicht mit Material zu sparen, mindestens drei Aufnahmen mit verschiedenen Belichtungszeiten sind hier erforderlich. Schon kleine Belichtungszeitänderungen führen zu verschiedenen Farbwiedergaben und bei diesen Aufnahmen kommt es entscheidend darauf an, eine absolut richtige Farbwiedergabe zu bekommen.

IV. Makroaufnahmen von beweglichen Objekten.

Wie an anderer Stelle bereits erwähnt, wirkt die Aufnahme vom lebenden Objekt immer natürlicher und überzeugender. Darum sollte man weitgehend bestrebt sein, nicht am präparierten Objekt zu arbeiten. Schon die Möglichkeiten sind sehr viel reichhaltiger, kann man doch einzelne Bewegungsphasen oder Entwicklungsvorgänge naturgetreu wiedergeben, wie sie am präparierten Objekt niemals gezeigt werden könnten. Außerdem werden Fehlerquellen oder Formveränderungen, die durch die Austrocknung präparierten Materials entstehen, ausgeschaltet. Ein wirkliches Naturdokument ist also nur die Aufnahme vom lebenden Objekt.

Die modernen Aufnahmeapparaturen mit ihren leicht verstellbaren Balgenauszügen, Spiegelreflexansätzen und den lichtstarken Objekten erleichtern diese Aufnahmen sehr und lassen sie nicht so problematisch erscheinen, wie früher zur Zeit der 9 × 12-Kamera. Und auch in dieser Zeit wurden schon beachtliche Aufnahmen von lebenden Objekten gemacht.

Das wichtigste, was wir für diese Aufnahmen benötigen, ist Zeit und viel Geduld. Die meisten Makroaufnahmen von lebenden Objektiven kann man nicht „auf die Schnelle" machen. Sie müssen gut vorbereitet werden. Insekten oder Kleintiere verhalten sich in der Gefangenschaft oft anders als in der freien Natur. Man muß also die Gefangenschaft weitgehend der Natur anpassen. Oft ist es erforderlich, mehrere Generationen zu züchten, um die Objekte „kamerareif" zu bekommen.

Ein weiteres Problem bedeuten Licht und Wärme. Aber auch hier haben wir durch die modernen Röhren-Blitzgeräte ebenfalls große Hilfsmittel, welche die Arbeit ungemein erleichtern. Die Aufnahmetechnik unterscheidet sich von der vorhergehenden insofern, daß alles darauf abgestimmt ist, die Belichtungszeit auf das kürzeste Maß zu bringen. Außerdem muß bei diesen Aufnahmen stets auf eine natürliche Umgebung geachtet werden.

Bei Aufnahmen von lebenden Objekten kommen grundsätzlich Spiegelreflexkameras zur Anwendung. Sie müssen die Möglichkeit geben, das Objekt bis zum letzten Moment beobachten zu können. Weiterhin ist es vorteilhaft, wenn sie Belichtungszeiteinstellungen bis $1/_{500}$ sec haben. Eine automatische Blendenvorwahl-Einstellung erleichtert die Arbeit bei Aufnahmen mit Blitzlicht. Die Kamera wird am besten vom Stativ aus bedient. In vielen Fällen benutzt man zur Scharfeinstellung einen beweglichen Objekttisch bei feststehender Kamera. Als Objektive werden die normalen Photo-Objektive sowie die Makro-Objektive je nach Vergrößerungsbereich benutzt.

1. Nahaufnahmen von Pflanzen und Insekten in freier Natur.

Nahaufnahmen von Pflanzen in freier Natur bereiten wenig Schwierigkeiten. Als Aufnahmekamera kommt eine leichte handliche Spiegelreflexkamera in

Frage. Da die Aufnahmen aus der Hand gemacht werden (das Aufstellen auf Stativ ist viel zu zeitraubend), bevorzugt man Kleinbildkameras oder einäugige Spiegelreflexkameras mittleren Formats, da diese handlicher sind als die großen Balgengeräte.

Bei der Objektivwahl wird man meist zu den langbrennweitigen Normalobjektiven greifen, da die Abbildungsmaßstäbe dieser Optiken größtenteils

Abb. 68. Bei zu grellem Sonnenlicht kann man zur Milderung der Licht- und Schattenkontraste das aufzunehmende Objekt mit einer Gaze beschatten. Diese Methode führt zu sehr ausgeglichenen Lichtwirkungen.

ausreichend sind. Ein weiterer Vorteil sind ihre langen Objektweiten. Für Detailaufnahmen (Blütenteile, Blattansätze u. dgl.) wird man die Aufnahme im Kunstlicht, d.h. im Labor vorziehen, und dann mit speziellen Makro-Objektiven arbeiten.

Bei Freilichtaufnahmen muß besonders auf den Sonnenstand geachtet werden. Ausgesprochenes Gegenlicht sowie direktes Vorderlicht sind nicht zu empfehlen. Das Gegenlicht bringt wohl oft recht wirkungsvolle Effekte, läßt aber biologische Merkmale nicht anschaulich genug hervortreten. Direktes Vorderlicht läßt wiederum das Bild flach und unnatürlich erscheinen. Also nicht zu jeder Tageszeit können derartige Aufnahmen hergestellt werden. Ebenso ist es in vielen Fällen nicht empfehlenswert, solche Aufnahmen überhaupt im Sonnenlicht zu machen, da sehr leicht die Gefahr der Überstrahlung einzelner Bildteile besteht und das Bild oft recht hart wird. Ist direktes Sonnenlicht aus zeitlichen oder entwicklungsbiologischen Gründen nicht zu umgehen, verwende man strenge Farbfilter oder — und das ist meist vorteilhafter — schatte das Objekt mit einer ganz feinen Gaze ab. Hierdurch wird das Sonnenlicht diffuser und weicher gemacht. Bei sehr

Abb. 69 b.

Abb. 69 a.

Abb. 69 a und b. a) Diese Dahlien wurden bei bedecktem Tageslicht aufgenommen. Die Plastik ist völlig ausreichend. b) Diese Aufnahmen von Frauenschuh wurden bei sehr schrägem Abendlicht gemacht. Die Darstellung ist wohl sehr effektvoll, aber für biologische Zwecke wenig geeignet, da die Kontraste zu stark sind. Zur Vermeidung eines unruhigen Hintergrundes bei Außenaufnahmen kann man hinter das Objekt helle oder dunkle Tücher halten.

starkem Seitenlicht, welches größere Schattenflächen hervorruft (speziell bei direkter Sonneneinwirkung) ist die zusätzliche Anwendung von Blitzlicht zur Aufhellung der Schatten sehr zweckmäßig. Die beste Aufnahmebeleuchtung hat man bei leicht bedecktem oder dunstigem Himmel. Zu schwere und dunkle Bewölkung dagegen läßt das Objekt wiederum wenig plastisch erscheinen. Also

auch bei Freilichtaufnahmen hat man seine beleuchtungstechnischen Schwierigkeiten. Soll die Belichtungszeit mit einem Belichtungsmesser ermittelt werden,
ist es zweckmäßig, bei dunklen Objekten mit einer Belichtungsstufe länger, bei
sehr hellen Objekten mit einer Belichtungsstufe kürzer zu arbeiten, als der Belichtungsmesser angibt. Die Photozellen dieser Meßgeräte erfassen meist einen
größeren Bereich und messen somit die Helligkeit der ganzen Umgebung, also eine
Allgemeinhelligkeit.

Hat man es mit starken Kontrasten zu tun, z. B. bei Aufnahmen von sonnen-
beschienenen weißen Blüten gegenüber einer grünen Umgebung, kann man in

Abb. 70. Übersichtsaufnahmen wie diese lassen sich in freier Natur leicht mit den einfachen Naheinstellgeräten
herstellen. (Aaskäfer am Fundort.)

Richtung der Sonneneinwirkung eine Farbfolie (bei panchromatischem Material
schwach orange) bringen, womit man die Blüte leicht anfärbt. Rein Weiß ist immer
schwer zu photographieren, darum empfiehlt es sich, grundsätzlich das beleuch-
tende Licht etwas anzufärben.

Freilichtaufnahmen von Pflanzenteilen in starker Vergrößerung lassen sich nur
an völlig windstillen Tagen herstellen. Da der Tiefenschärfebereich bei starken
Vergrößerungen (mit Makroobjektiven) nur sehr gering ist, bekommt man auch
schon bei leicht bewegtem Wetter keine befriedigenden Ergebnisse mehr. Auch
ein Arbeiten aus freier Hand ist kaum möglich, so daß also für derartige Aufnahmen ein stabiles Stativ mitgeführt werden muß. Wenn irgend möglich, sollte
man diese Aufnahmen im Labor bei künstlicher Beleuchtung herstellen, was in
den meisten Fällen auch möglich sein wird.

Aufnahmen von Insekten in freier Natur sind noch schwieriger, da diese
Objekte nicht an einen Ort gebunden sind, sondern sich willkürlich bewegen.
Hier empfiehlt es sich immer, wenn irgend möglich, das Objekt ins Labor zu
nehmen, um unter den dort gegebenen Möglichkeiten zu arbeiten. Müssen die
Aufnahmen aber aus besonderen Gründen doch draußen gemacht werden,

empfiehlt sich hier die Anwendung einer Spiegelreflexkamera. Lange Objektivbrennweiten vermeiden es, mit der Kamera zu nahe an das Objekt herangehen zu müssen. Für die Beleuchtung gelten im großen und ganzen dieselben Vorschläge, wie sie im vorigen Absatz bei den Aufnahmen von Pflanzen beschrieben wurden. Voraussetzung für diese Aufnahmen ist grundsätzlich die völlige Beherrschung der Kamera. Schnellste Blenden und Entfernungseinstellungen, ruhige Haltung wie überhaupt sichere Bedienung der Kamera führen zu guten Ergebnissen.

In vielen Fällen, sofern die Objektgrößen einigermaßen gleich sind, kann man sich die Arbeit erleichtern, indem man seine Kamera standardmäßig einstellt.

Abb. 71. Schwierig dagegen wird es bei derartig starken Vergrößerungen (Spinnenkopf). Solche Aufnahmen aus freier Hand zu machen ist meist Glückssache. Spiegelreflexkamera und langbrennweitige Optik sind hierzu erforderlich.

Ist die ungefähre Objektgröße und damit der Abbildungsmaßstab bekannt, können Blenden-, Balgen- und Belichtungszeiteinstellungen vorher universell festgelegt werden, so daß zur Aufnahme nichts weiter zu tun ist, als mittels des Spiegelreflexansatzes die Schärfenebene zu suchen und, wenn diese gefunden ist, auszulösen. Es ist meist ratsam, mehrere Aufnahmen zu machen, um für Fehlexponierungen durch Bewegungsunschärfen Ersatz zu haben.

2. Nahaufnahmen von Insekten und Kleintieren im künstlichen Licht.

Während Pflanzenaufnahmen in freier Natur keine großen Schwierigkeiten bereiten, machen solche von lebenden Insekten doch oft viel Kopfzerbrechen. Man kann sich aber die Arbeit bedeutend erleichtern, wenn man diese Objekte mit ins Labor nimmt und dann hier im Terrarium oder in der Küvette photographiert. Die Ausrüstung, die für diese Aufnahmen gebraucht wird, muß gut durchdacht sein, um den verschiedenen Situationen gerecht zu werden. Als Aufnahmegerät kommt wieder eine Spiegelreflexkamera in Frage. Am vorteilhaftesten eine solche im Kleinbildformat. Balgenvorsätze sind gleichfalls zu empfehlen. Wenn auch bei einigen Aufnahmearten mit fixierter Kamera gearbeitet wird, so lassen sich doch die Einstellungen sehr viel schneller und bequemer mit einem Balgengerät finden.

Zur Befestigung der Kamera wird man zwei verschiedene Stativarten verwenden: für Aufnahmen aus horizontaler Kameralage ein stabiles Dreibeinstativ mit Kinoneigekopf. Da dieser Kinoneigekopf eine größere Auflagefläche besitzt sowie ein breites Kippgelenk, ist er bei der großen Ausladung der Balgenkamera bedeutend stabiler als ein Kugelgelenkkopf, der oft ein Vibrieren der Kamera verursacht. Für diese Aufnahmeart können außerdem noch an den Tisch anklemmbare Spezialstative verwandt werden. Für Aufnahmen aus der vertikalen Kameralage wird zur Befestigung der Kamera ein Grundbrett mit Vertikalsäule benötigt.

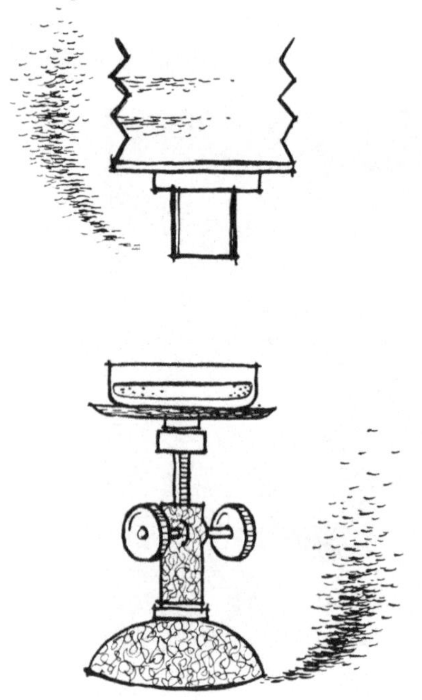

Abb. 72. Objekttisch mit Höhenverstellung für Aufnahmen von lebenden Objekten unter der Vertikalkamera.

Wie oben schon kurz erwähnt wurde, arbeitet man bei Aufnahmen von sehr kleinen Objekten am zweckmäßigsten mit einer fixierten Kamera, d.h. die Kamera wird in bezug auf den Abbildungsmaßstab fest eingestellt und anschließend die Schärfe nicht mit der Kamera, sondern durch Verschiebung des Objektes gesucht. Diese Methode hat sich gerade bei kleinen Objekten gut bewährt, da es schwierig ist, bei starken Vergrößerungen und der somit geringen Objektweite und Tiefenschärfe einem kleinen Objekt mit der Kamera nachzugehen.

Für Aufnahmen aus der horizontalen Kameralage wird eine verschiebbare Objektunterlage mit einem Handgriff, der bis zur Kamera führt, benötigt. Diese verschiebbare Vorrichtung kann auf verschiedene Weise hergestellt werden. Entweder nimmt man eine glatte Holzplatte mit einem langen Handgriff. Die Unterseite sowie die Auflagefläche müssen natürlich völlig fehlerfrei, am besten glatt poliert sein, damit man die Platte, ohne zu rucken, leicht verschieben kann. Die schönste Einrichtung ist natürlich ein kugelgelagerter Kreuztisch. Dazu kann man sehr gut normale Mikroskoptische mit koaxialen Trieben verwenden und muß sich dann für die Tischbewegung einen Verlängerungsarm bauen lassen, was für einen Mechaniker eine Kleinigkeit ist. Für vertikale Kameraanordnung benutzt man ein kleines Stativ, das sich mit Hilfe eines Zahntriebes in der Höhe verstellen läßt. Vor der Aufnahme richtet man die Kamera im groben ein und stellt dann die letzte Schärfe unter Beobachtung des Mattscheibenbildes an der verschiebbaren Objektunterlage.

Sehr schön sind auch die automatischen Blendenvorwahl-Vorrichtungen, wie sie die Firma Ernst Leitz, Wetzlar, zu ihrem Balgeneinstellgerät zur Leica bei Verwendung des Elmar 5 cm speziell am Augenaufnahmegerät herausbringt. Diese Einstellung ist gekoppelt mit dem Auslöser. Die Scharfeinstellung und

Beobachtung des Objektes kann bis unmittelbar zur Belichtung bei geöffneter Blende mit schwachem Licht vorgenommen werden. Beim Auslösen wird gleichzeitig mit dem Ausschalten des Spiegels und Auslösen des Blitzes die Blende

Abb. 73. Für Aufnahmen aus horizontaler Kameralage verwende man am zweckmäßigsten einen horizontal verschiebbaren Tisch. Sehr gut eignen sich hierzu Mikroskop-Kreuztische.

selbsttätig auf einen vorher eingestellten Wert geschlossen. Diese Einstellungsmöglichkeit erleichtert die Arbeit sehr, zumal man bei voller Ausnutzung auch eines schwachen Lichtes bis zur Aufnahme beobachten kann. Besonders nützlich ist diese Anordnung bei Aufnahmen mit Blitzlicht. So kann man mit einer

Abb. 74. Schwierig sind oft Aufnahmen von biologischen Vorgängen, wie Eiablagen, Schlüpfen u. dgl. Wie es zu dieser Aufnahme von der Eiablage der Fliege kam, wird im Text näher erläutert.

schwachen Lichtquelle die Scharfeinstellung vornehmen, ohne die Tiere durch übermäßig starkes Anstrahlen zu beunruhigen.

Man erkennt aus dem Vorherigen schon, daß die apparative Grundausrüstung für diese Aufnahmen recht gut sein muß. Vielfach müssen zusätzlich kleine

Hilfsmittel gebastelt werden, da man bei derartigen Aufnahmen immer wieder vor neue Schwierigkeiten gestellt wird. Aber auch die beste Ausrüstung läßt immer noch Probleme offen und erfordert ein gutes Kombinationsvermögen.

Neben den normalen Zuchtbehältern müssen für die Aufnahme von Insekten besondere Küvetten bereitstehen. Hier sind die verschiedensten Formen erforderlich. Die Küvetten müssen aus erstklassigem, fehlerfreiem Kristallglas sein und die Kanten verkittet, also nicht gefaßt sein. Unter- und Hintergrund müssen

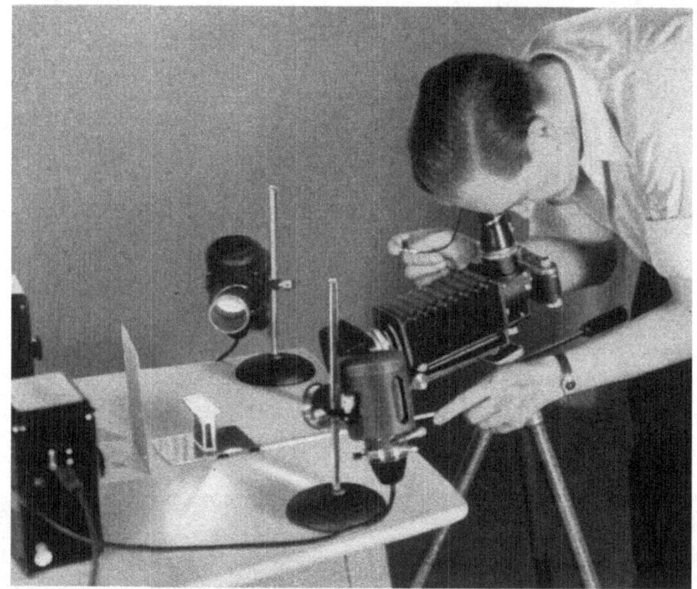

Abb. 75. So sah die Kamera- und Beleuchtungsanordnung für die Aufnahmen der Eiablage aus.

der Natur entsprechen. Mit sehr geringen Hilfsmitteln können solche Umgebungen geschaffen werden. Nimmt man z. B. eine Mückenlarve auf, die ja bekanntlich im Wasser lebt, kann man mit einem kleinen Zweig von Wasserpest oder einer anderen Wasserpflanze die Aufnahme bedeutend beleben und natürlicher erscheinen lassen. Einen weiteren Vorteil bietet diese Art, indem sie gleichzeitig Vergleichsmöglichkeiten über die Größe des Objektes zuläßt.

Eine weitere Schwierigkeit besteht in der Ausleuchtung der Objekte, da fast alle diese Tiere außerordentlich lichtscheu sind, besonders während ganz bestimmter Situationen, wie Eiablage, Schlüpfvorgängen u. dgl. Um derartige Vorgänge aufzunehmen, muß oft einige List angewandt werden. Nur ein Beispiel soll zur Demonstration herausgegriffen werden. Die Fliege ist während der Eiablage ein ausgesprochenes „Dunkeltier". Jedes kleinste Licht wird gescheut, so daß man die Ablage der Eier sowieso nur in der höchsten Legenot aufnehmen kann. Die Stubenfliege legt ihre Eier mit Hilfe einer langen Legeröhre in den feuchten Mist ab, wo die ausschlüpfende Brut die besten Lebensbedingungen findet. Grundsätzlich werden die Eier also in Vertiefungen abgelegt. Füllt man nun eine Küvette mit Mist, setzt ein tragendes Weibchen hinein, wird sich dieses natürlich immer die dunkelste Stelle der Küvette, also die lichtabgewandte Seite für den Legevorgang wählen. Außerdem hat der Mist so viel Vertiefungen, daß natürlich nie eine solche an der beleuchteten Glaswand gewählt wird. Und gerade hier muß die Eiablage erfolgen. So mußte man also mit einem Trick nachhelfen. In die

Abb. 76. Bei Aufnahmen von Zierfischen ist es zweckmäßig, die Tiefe des Aquariums mit einer zwischengesetzten Glasplatte zu vermindern. Dadurch wird verhütet, daß sich die Tiere zu sehr aus dem Schärfebereich entfernen.

Küvette wurde ganz fester Torf gebracht, und zwar so gut der Küvettenform angepaßt, daß an keiner Seite ein Hohlraum entstand. An der Mittelfläche der vorderen Küvettenscheibe wurde in den Torf ein Loch gebohrt und dieses mit einigen Mistteilen ausgelegt, um einen natürlichen Eindruck zu erhalten. Am besten läßt

Abb. 77. Diese Aufnahme vom Grabvorgang des Totengräbers war nur mit Hilfe der nachfolgend abgebildeten Spezialküvette möglich.

man das Torfstück vorher auch in Mist liegen, damit es mit dem Geruch infiziert ist. Somit hatte die Fliege nur eine Vertiefung, um ihre Eier ablegen zu können. Bei all unseren Versuchen haben wir es kein einziges Mal erlebt, daß die Fliege ihre Eier in der Legenot auf die Oberfläche des Torfes legte. Sie suchte

sich auch in der größten Not immer die Vertiefung, auch wenn diese mit Lampen-
licht voll angestrahlt war. Aus diesem Beispiel ist schon zu ersehen, welche
Schwierigkeiten auftreten können, besonders wenn man bestrebt ist, biologische
Vorgänge zu erfassen. Auf diesem Gebiet gibt es noch ein weites Betätigungsfeld.

Bei Aufnahmen von Lebewesen im Wasser muß ganz besonders auf die Beleuchtung geachtet werden. Hier treten oft störende Reflexe auf, die vielfach
nur mit diffuser Beleuchtung vermieden werden können. Bei Anwendung von
Blitzlicht läßt man dieses zweckmäßigerweise über eine weiße Fläche reflektieren.

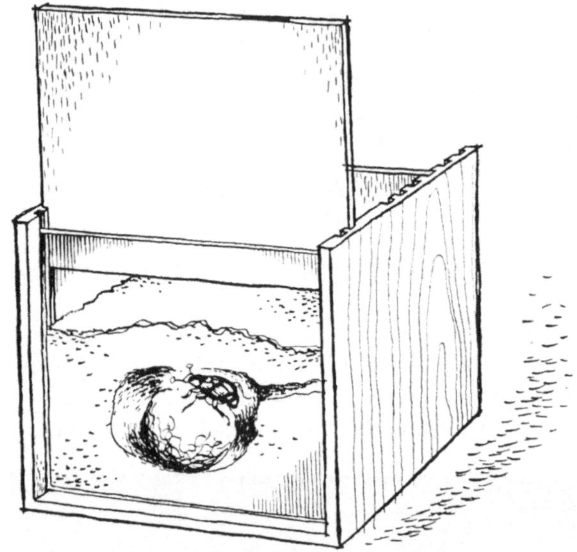

Abb. 78. Für Aufnahmen von Objekten im Erdreich wird eine Spezialküvette benötigt. Das herauszichbare Blech
hinter der vorderen Scheibe dient zur Abdunklung der Küvette zwischen den Aufnahmen und schützt die Scheibe
vor Verschmutzung. Die Rückwand kann je nach Tiefenbedarf verstellt werden.

Bei kleinen durchsichtigen Objekten empfiehlt es sich, mit Gegenlicht zu arbeiten,
da durch diese Beleuchtungsart eine gewisse Dunkelfeldwirkung erreicht wird
und Einzelheiten klarer und kontrastreicher hervortreten. Bei Aufnahmen von
Lebewesen in Aquarien müssen sehr große Lichtmengen zur Verfügung stehen.
Man läßt sich hier in der Lichtwirkung leicht täuschen und bekommt unter-
belichtete Negative. Die Glaswände der Aquarien reflektieren sehr viel Licht,
so daß man getrost mit der doppelten Lichtmenge arbeiten kann als bei einer
normalen Aufnahme.

Große Schwierigkeiten bereiten Objekte, deren Biologie sich im Erdreich
abspielt. Zu derartigen Aufnahmen muß man sich jeweils Spezialküvetten
anfertigen, die den Verhaltensweisen der Tiere angepaßt sind. So mußte z. B. für
die Darstellung des Grabvorganges und der Brutfürsorge des Totengräbers
(Necropherus vespillo) eine Küvette angefertigt werden, die in der Schichtdicke
so gering war, daß gerade eine Maus eingegraben werden konnte. Bei etwas
größerem Wandabstand gruben die Käfer natürlich immer so, daß sie der Ein-
wirkung des Lichtes entkamen. An den ungenutzten Seitenteilen wurde das
Erdreich mit Lehm gehärtet, so daß der Grabvorgang in der Mitte der Küvette,
wo das Erdreich locker war, vor der Scheibe vor sich gehen konnte. Um die

Tiere in Ruhe graben zu lassen, wurde zwischen Erdreich und vorderer Scheibe eine Blechfolie geschoben, die dann jeweils nur zur Aufnahme herausgezogen wurde. Diese Methode hatte gleichzeitig den Vorteil, daß die Vorderscheibe jeweils zwischen den Aufnahmen wieder geputzt werden konnte.

Abb. 79. Das Blatt, auf dem der Totengräber sitzt, verhilft einmal zu einem ruhigen natürlichen Untergrund und gibt gleichzeitig Aufschluß über das Größenverhältnis des Tieres. Wichtig ist auch die Aufnahmeperspektive, um alle Erkennungsmerkmale wie Hinterleibsringe, Flügeldecken und Fühler deutlich zu zeigen.

Abb. 80. Nicht ganz einfach sind Aufnahmen von sehr kleinen und lebhaften Objekten, wie dieser Gartenameise. Verabreichungen von Narkotikas, wie es vielfach versucht wird, führen meist zur gegenteiligen Wirkung. Die Tiere werden noch lebhafter und sacken dann plötzlich zusammen. Lockende Mittel, in diesem Fall ein Tröpfchen Zuckerlösung, wirken in solchen Momenten Wunder.

So gehört zu diesem Arbeitsgebiet nicht nur die genaue Kenntnis der Biologie und Verhaltensweise der Objekte, sondern auch noch eine ganze Portion Geduld sowie ein gewisser Hang zum Basteln und Erfinden, denn immer wieder wird man vor neue Probleme gestellt.

Für die Beleuchtung kommen wohl heute hauptsächlich Blitzgeräte in Frage. Zum Einstellen eignen sich sehr gut die Niedervoltlampen, da sie in ihrer Lichtintensität über einen Transformator reguliert werden können. Steht kein Blitzlicht zur Verfügung, muß eine starke Lampe, am vorteilhaftesten eine Bogenlampe genommen werden, die natürlich erst unmittelbar vor der Belichtung eingestellt werden darf. Man verfährt da so, daß man die Lampe schon vorher einrichtet, sie brennen läßt und vor die Lampe eine Abschirmung stellt, die dann unmittelbar vor der Belichtung fortgenommen wird. Gerade bei Bogenlicht ist es zweckmäßig, wenn die doch recht erheblichen Wärmestrahlen durch ein Wärmeschutzfilter ausgeschaltet werden. Hierzu gibt es spezielle Wärmeschutzgläser, andererseits kann man aber auch Wasserküvetten verwenden. Für manche Objekte ist der UV-Gehalt des Lichtes störend. Um diese Strahlungen auszuschalten, verwende man als Schutzfilter eine 2.5—5%ige Chininsulfatlösung bei einer Schichtdicke von 2 cm.

Zur Ermittlung der richtigen Belichtungszeit ist man auf Probebelichtungen angewiesen, da die Belichtungsmesser durchschnittlich solche kleinen ausgeleuchteten Flächen nicht mehr genau ausmessen. Die Belichtungszeit muß je nach der Objektbewegung natürlich relativ kurz sein, so daß man vielfach mit dem zur Verfügung stehenden Licht variieren muß. Gegebenenfalls kann auch zur Verkürzung der Belichtungszeit mit höchstempfindlichem Film gearbeitet werden.

3. Naturwissenschaftliche Serienaufnahmen.

Serienaufnahmen können auf zwei Arten mit verschiedener Zeitdauer hergestellt werden. Einmal soll die gesamte Biologie eines Objektes gezeigt werden. Hierzu gehört selbstverständlich ein eingehendes Studium der Lebensweise des betreffenden Objektes, während der man sich bereits die Phasen, die aufgenommen werden sollen, genau merkt. Hierbei ist es wichtig, die wirklich typischen Momente im Bild zu erfassen. Das ist oft nicht einfach, erhöht den Wert einer Bildserie aber sehr. Bei der Eiablage eines Insektes z. B. sollen nicht die Eier und das danebensitzende Muttertier gezeigt werden, sondern der Vorgang selbst soll zu sehen sein, d. h. die Legeröhre, der Austritt der Eier u. dgl. Das bedingt natürlich ein gutes Beobachtungsvermögen und ein blitzschnelles Bedienen der Kamera.

Die zweite Art dieser Aufnahmen ist die Bildserie eines einzelnen Vorganges. Diese müssen je nach der Dauer des Entwicklungsvorganges sehr schnell hintereinander oder in größeren Zeitabständen gemacht werden. Soll z. B. das Wachstum einer Pflanze oder das Aufbrechen einer Blüte gezeigt werden, benötigt man zur Herstellung dieser Bildserie mehrere Tage. Hierzu ist es erforderlich, absolut konstante Lichtverhältnisse zu schaffen. Tageslicht ist sehr unregelmäßig; auch hier wieder bewährt sich das Blitzlicht am besten. Außerdem muß die Kamera absolut fest stehen und darf während der Aufnahmezeit nicht verstellt werden. Sollen derartige Aufnahmen in freier Natur gemacht werden, wobei man die Kamera nicht tagelang draußen stehen lassen kann, muß genauestens auf Stand, Richtung und Höhe der Kamera geachtet werden. Am besten ist es, wenn man sich mehrere Markierungspunkte im Gelände sucht, die jeweils bei Kameraaufstellung genau anvisiert werden. Bei Kameras mit auswechselbarer Mattscheibe kann man eine zweite Mattscheibe mit der Mattschicht nach außen

anbringen und auf dieser die Umrisse konstanter Gegenstände nachzeichnen, die
dann jeweils bei Neuaufstellung der Kamera zur Deckung gebracht werden können.

Anders dagegen verfährt man bei Serienaufnahmen eines schnellen Vorganges.
wie z. B. des Schlüpfvorganges eines Insektes. Für derartige Aufnahmen muß

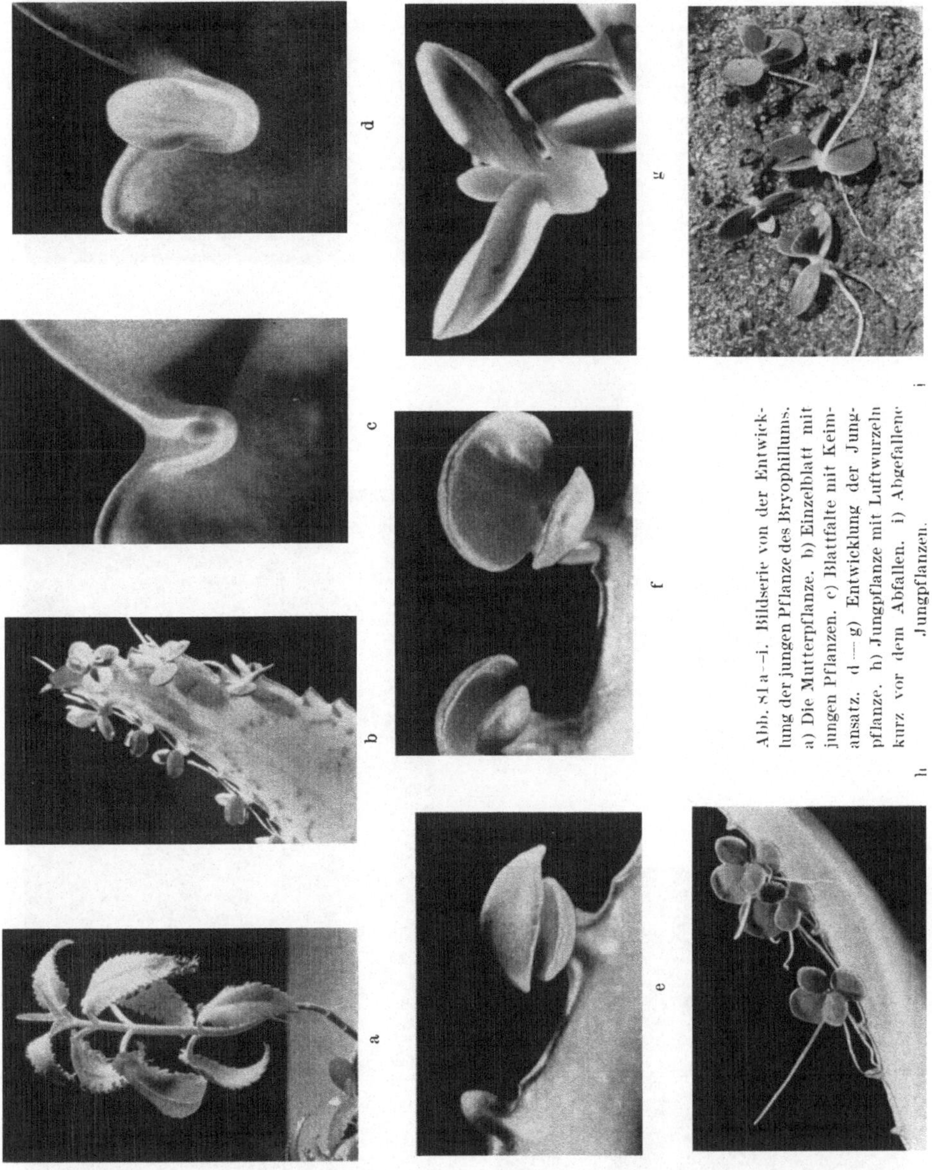

Abb. 81 a—i. Bildserie von der Entwicklung der jungen Pflanze des Bryophillums. a) Die Mutterpflanze. b) Einzelblatt mit jungen Pflanzen. c) Blattfalte mit Keimansatz. d—g) Entwicklung der Jungpflanze. h) Jungpflanze mit Luftwurzeln kurz vor dem Abfallen. i) Abgefallene Jungpflanzen.

man eine ausgesprochene Schnellschußkamera zur Hand haben. Diese Kamera
muß so konstruiert sein, daß sie sich nach dem Belichten selbsttätig wieder
spannt und den Film automatisch weitertransportiert, wie es z. B. bei der
Robot-Kamera der Fall ist. Kameras mit Schnellaufzugsvorrichtung sind für

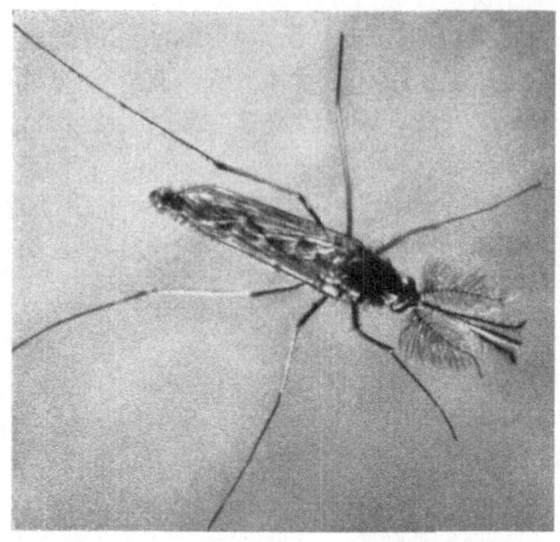

Abb. 82 a.

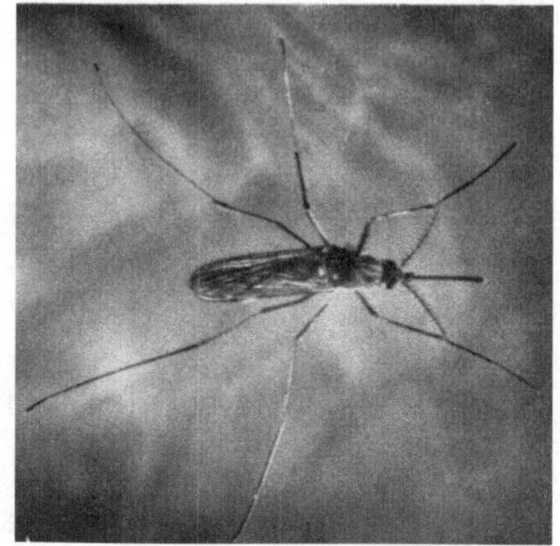

Abb. 82 b.

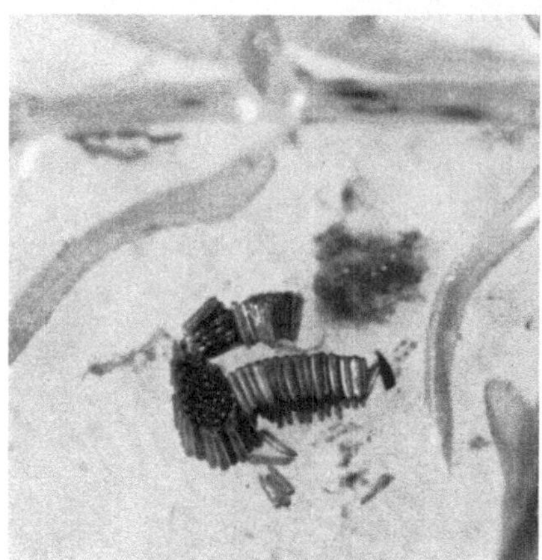

Abb. 82 d.

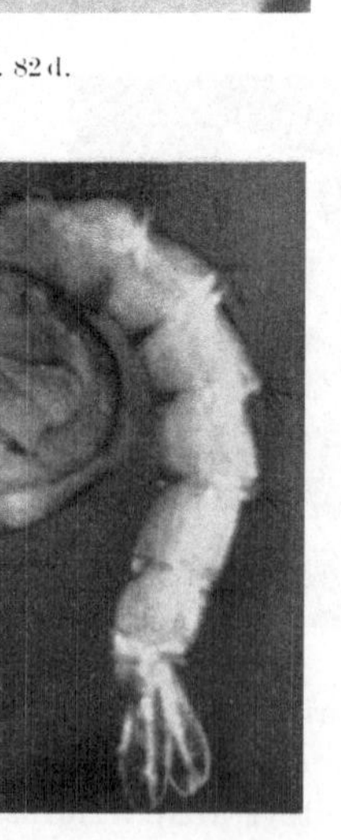

Abb. 82 f.

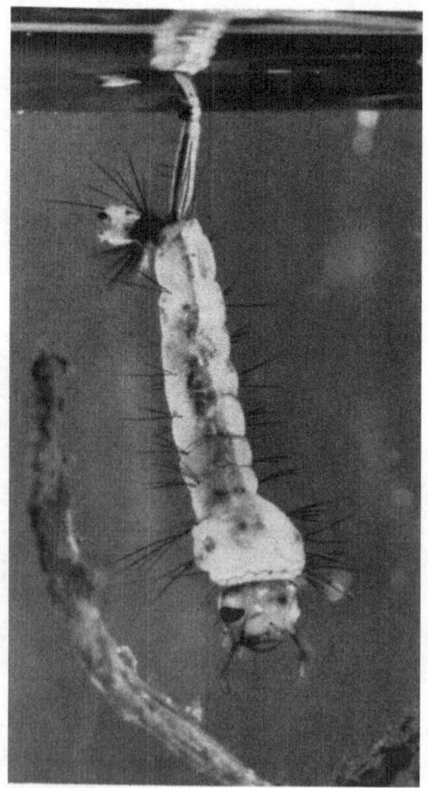

Abb. 82 e.

diese Aufnahmen nur bedingt brauchbar, da sie bei der Handhabung der Aufzugsvorrichtung leicht verwackeln, besonders bei sehr starken Vergrößerungen, wo sich Bruchteile von Millimetern schon schärfemindernd auswirken. Diese Schnellaufzugskameras kann man also gegebenenfalls nur auf sehr festen Stativen benutzen.

Abb. 82 c.

Abb. 82 g.

Abb. 82 a—g. In dieser Bildserie wird die Biologie der Stechmücke gezeigt. Wichtig ist bei solchen Aufnahmen eine lebendige Darstellung und eine deutliche Wiedergabe aller biologischen Merkmale. a) Männchen mit den typischen buschigen Fühlerantennen. b) Weibchen mit den feingezeichneten Fühlern und dem Stechapparat. c) Eiablage der Mücke. d) Auf dem Wasser schwimmende Eipakete. e) Mückenlarve. f) Mückenpuppe. g) Schlüpfvorgang der jungen Mücke.

Abb. 83 a.　　　　　　　　　　　　　　Abb. 83 b.

Abb. 83 c.　　　　　　　　　　　　　　Abb. 83 d.

Abb. 83 a—d. Auch die Folge eines Vorganges kann in einer Bildserie festgehalten werden. Hier der Schlüpfvorgang der Stubenfliege. a) Sprengen des Deckels der Tönnchenhülle mit Hilfe der Kopfblase. b) Das Herausarbeiten aus der Puppenhülle. c) Die eben geschlüpfte Fliege mit noch zusammengefalteten Flügeln. d) Die fertige Fliege mit entfalteten und getrockneten Flügeln.

4. Operationsaufnahmen.

Eine besondere Aufnahmetechnik erfordern die Operationsaufnahmen, die vorzugsweise wieder mit der Kleinbildkamera hergestellt werden. Das Kleinbildverfahren bietet uns eine sehr viel größere Beweglichkeit und eine bedeutend bessere Tiefenschärfe gegenüber der großformatigen Kamera.

Die ganze aufnahmetechnische Frage muß so gelöst sein, daß keinesfalls eine Störung der Operation oder des Operateurs bei der Aufnahme erfolgt. Wie schon

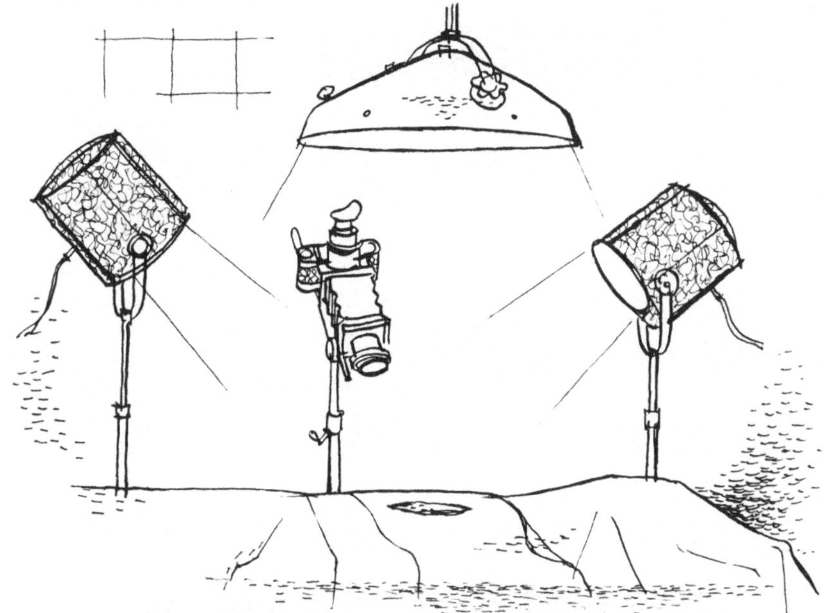

Abb. 84. Operationsaufnahmen können mit einer Kleinbildkamera vom Stativ aus gemacht werden. Die Ausleuchtung mit zwei zusätzlichen Scheinwerfern ist nicht immer angebracht, da das Licht zu grell und die Wärmeausstrahlung zu unangenehm ist.

erwähnt, wird eine Kleinbildkamera benötigt, und zwar ein Aufnahmegerät. das folgende Forderungen erfüllt:

1. Automatische Entfernungseinstellung, um gegebenenfalls Aufnahmen aus freier Hand durchführen zu können.

2. Auswechselbare Objektive, um längere Brennweiten verwenden zu können. Damit wird ein zu nahes Herangehen der Kamera an den Operationsherd vermieden.

3. Die Möglichkeit, Spiegelreflexnaheinstellungsgeräte zu verwenden. Die Naheinstellgeräte erleichtern das Suchen des Objektes und die Scharfeinstellung sehr, wie schon in früheren Kapiteln erwähnt wurde.

4. Nicht unbedingt erforderlich, aber in vielen Fällen zweckmäßig: Schnellaufzug, um gegebenenfalls schnellfolgende Serienaufnahmen herstellen zu können. Oder vollautomatischen Schnellaufzug für Aufnahmen mit Fernauslösung.

Bei Verwendung mittlerer Brennweiten, z. B. einer 9 cm-Optik, können Aufnahmen aus freier Hand gemacht werden. Benutzt man dagegen Brennweiten von 13,5 cm oder größer, ist es vorteilhafter, vom Stativ, und zwar einem

Säulenstativ zu arbeiten. Mit Säulenstativen kann man gegenüber der Dreibeinstative näher an den Operationstisch heran. Am vorteilhaftesten ist die Ausrüstung: Kleinbildkamera, Spiegelreflexansatz und Objektiv 13.5 cm.

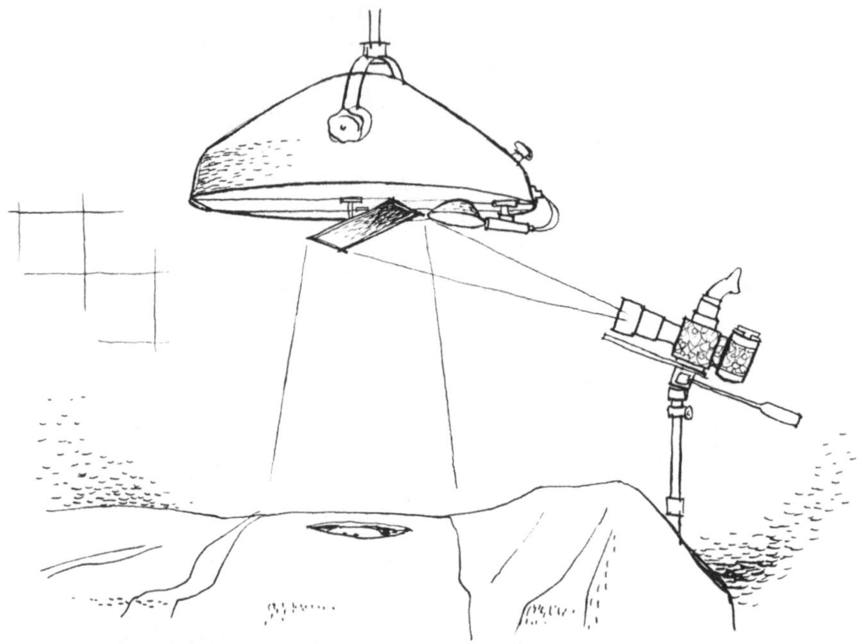

Abb. 85. Eine bessere Lösung ist die Aufnahme über einen Spiegel, der in die Operationslampe eingebaut ist. 1—2 Blitzreflektoren ersparen den Gebrauch von Heimlampen. Die Aufnahme kann mit Teleobjektiv gemacht werden, wobei die Kamera vom Operationsherd weit entfernt steht.

Abb. 86. Ideal ist die Operationslampe Hanaulux, in der Blitzeinrichtung, Robot-Kamera und eine Projektionsscharfeinstellung eingebaut sind. Da die Aufnahmeeinrichtung vollautomatisch ist, kann sie vom Operateur selbst durch Fernschalter bedient werden. (Nähere Erläuterung im Text.)

In vielen Fällen wird heute mit einer aus Amerika kommenden Methode gearbeitet, bei der die Kamera in die Operationslampe fest eingebaut wird. Natürlich ist diese Anordnung nur möglich bei einer Kamera mit automatischer

Aufzug- und Filmtransportvorrichtung. So ist mit der Robot-Kamera in Verbindung mit der Operationsleuchte „Hanaulux" (Quarzlampen GmbH, Hanau) eine ideale Einrichtung geschaffen worden. Neben der vollautomatischen Kamera

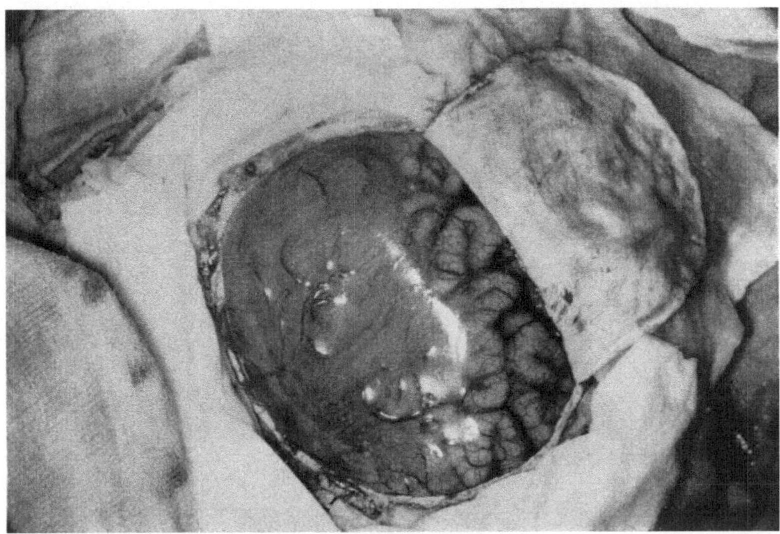

Abb. 87a.

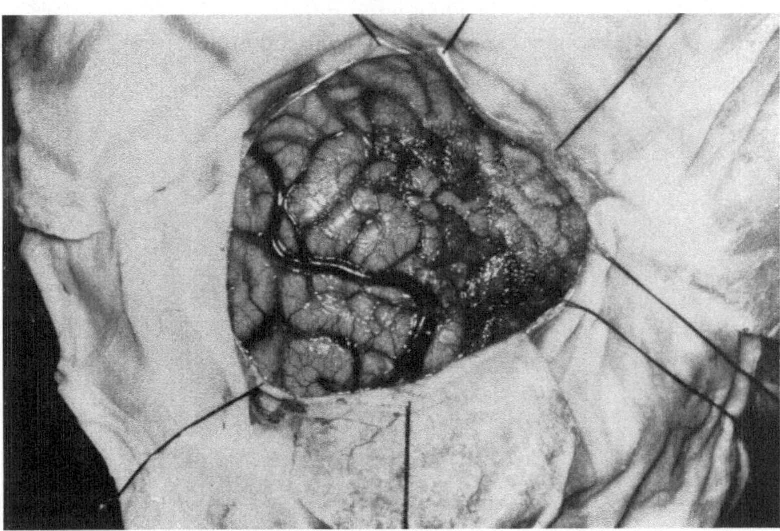

Abb. 87b.

Abb. 87a u. b. Bei Operationsaufnahmen kommt es darauf an, ein klares, übersichtliches Objektfeld zu zeigen und mit Hilfe von Farbfiltern Tonunterschiede gut zu distanzieren. Die Abb. a zeigt eine cystische Erweichung des Gehirns infolge Gefäßverschluß in früher Kindheit. Man kann deutlich das krankhafte Gewebe vom normalen Gehirn unterscheiden. Die Abb. b bringt die Erweiterung und Neubildung kleiner Hirngefäße bei STURGE-WEBERscher Erkrankung. Hier kam es darauf an, durch günstige Filterwahl die Gefäßbahnen deutlich zu betonen.
(Aufn. Neurologie, Univ.-Krankenhaus, Hamburg-Eppendorf,)

sind zwei mit dem Aufnahmegerät synchronisierte Röhrenblitze eingebaut, deren Zusatzlicht so stark ist, daß mit 14/10° DIN-Film bei Blende 16 gearbeitet werden

kann. Diese Einstellmöglichkeit bedeutet natürlich die Erfassung eines hervor-
ragenden Tiefenschärfebereiches.

Die Scharfeinstellung erfolgt durch Heben und Senken der Operationslampe,
wobei zwei ebenfalls eingebaute Scheinwerfer jeweils das Bild eines Glühfadens

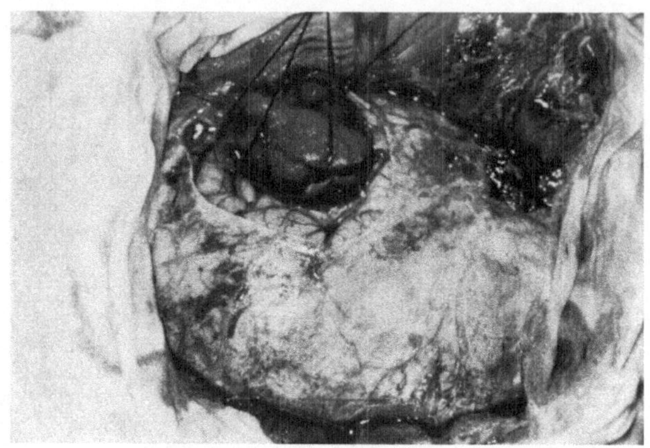

Abb. 88 a.

auf das Operationsfeld projizieren und damit — bei Deckung der beiden Fäden —
die richtige Entfernung und gleichzeitig die Bildmitte bezeichnen. Das Objektfeld
ist bei Verwendung des Objektivs Tele-Xenar 75 mm 25 × 25 cm groß.

So kann der Operateur die einzelnen ihn interessierenden Phasen der Operation
durch Fußschalter über Fernauslösung selbst aufnehmen.

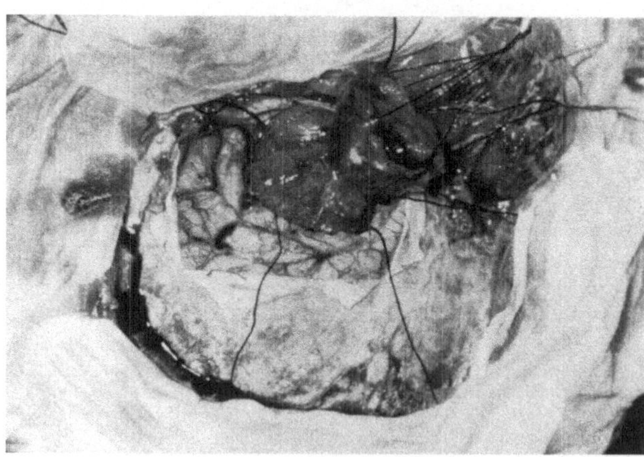

Abb. 88 b.

Eine andere Möglichkeit bietet auch die Aufnahme über Spiegel. Statt der
Kamera wird ein Spiegel unter der Operationslampe angebracht, über den durch
eine seitlich aufgestellte Kamera mit langbrennweitigem Objektiv die Aufnahme
gemacht wird.

In den seltensten Fällen reicht die Lichtintensität der vorhandenen Operationslampe für die Aufnahme aus. Es wären nur Einstellungen mit offener Blende

möglich, was bei Operationsaufnahmen nicht zweckmäßig ist, da die erforderliche Tiefenschärfe ein Abblenden mindestens bis Blende 8—11 nötig macht.

Als zusätzliches Licht können 1—2 Linsenscheinwerfer mit 500 Watt-Nitraphotbirnen verwandt werden. Das Ausleuchten mit einfachen Heimlampen

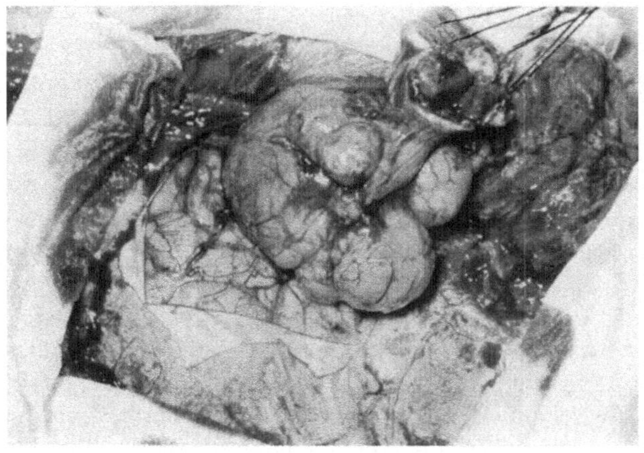

Abb. 88 c.

empfiehlt sich nicht, da die Wärmeausstrahlung für die an der Operation beteiligten zu unangenehm ist. Auch stört den Operateur bei seiner Arbeit das ständige Ein- und Ausschalten der Lampen und das zwischenzeitlich grelle Licht. Darum ist auch hier wieder die idealste Lichtquelle das Blitzlicht, und zwar der Röhrenblitz, der mit seiner außerordentlich kurzen Abbrenndauer kaum stört. Man kann

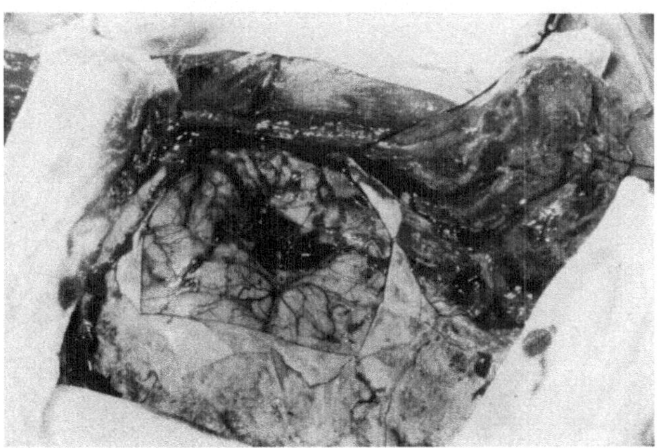

Abb. 88 d.

Abb. 88 a—d. In dieser Bildreihe (Abb. a—d) werden die wichtigsten Stadien der Operation zur Entfernung eines Hirntumors gezeigt. Auch hier wieder kam es darauf an, durch richtige Filterwahl den Tumor im Farbton vom normalen Gehirn zu distanzieren. Solche Aufnahmen lassen sich übrigens sehr gut über das farbige Bild herstellen, d. h. man nimmt zuerst auf Farbfilm auf, stellt von diesem mit entsprechender Filterung ein Negativ her, von dem dann die Schwarz-Weiß-Abzüge gemacht werden können. Diese Filterung wäre bei der normalen Aufnahme in den erforderlichen Maßen nicht möglich, da sie zu einer zu langen Belichtungszeit führen würde. (Aufn. Neurologie, Univ.-Krankenhaus, Hamburg-Eppendorf).

die Blitzleuchten (1—2 Stück) in die Operationslampe fest mit einbauen. In diesem Fall kommt zwar das Licht direkt aus der Aufnahmerichtung und läßt das

Bild wenig plastisch erscheinen. Vorteilhafter ist eine seitliche Aufstellung der Lampen, so daß geringe Schattenbildungen die plastische Wirkung erhöhen. Da das Blitzlicht eine schnelle Abbrenndauer sowie eine hohe Lichtintensität hat, können auch schnelle Bewegungsvorgänge bei stark abgeblendeter Optik aufgenommen werden.

Als Aufnahmematerial kommen alle Emulsionen zwischen 14/10 und 20/10 DIN zur Anwendung. Da es sich beim Kleinbildmaterial vorwiegend um panchromatische Emulsionen handelt und diese die rote Farbe wenig kontrastreich wiedergaben, müssen Schwarz-Weiß-Aufnahmen mit Grünfilter hergestellt werden. Am wirkungsvollsten sind Operationsaufnahmen auf Farbfilm. Übrigens bekommt man von diesen Farbaufnahmen (Umkehrfilm) über Zwischennegative sehr gute Schwarz-Weiß-Wiedergaben, da bei der Herstellung des Zwischennegativs (am besten auf orthochromatischen Platten) auf die einzelnen Farbwerte speziell gefiltert werden kann. Bei der Operationsaufnahme ist eine derartige Filterung niemals möglich, da sie zu viel zu langen Belichtungszeiten führen würde. So sollte man also auch für Schwarz-Weiß-Bilder ruhig Farbfilm als Aufnahmematerial wählen. Es ist zwar teurer und umständlicher zu bearbeiten, weil immer ein Zwischennegativ hergestellt werden muß, doch andererseits hat man stets ein Farbdiapositiv zur Verfügung und erhält außerdem erstklassige Schwarz-Weiß-Bilder.

5. Medizinische Aufnahmen an Patienten.

Für medizinische Aufnahmen an Patienten muß ein zweckmäßig ausgestattetes Atelier zur Verfügung stehen. Ein solches Atelier sollte in jedem Krankenhaus vorhanden sein. Hierzu ist ein kleiner Raum schon ausreichend, der mit einem

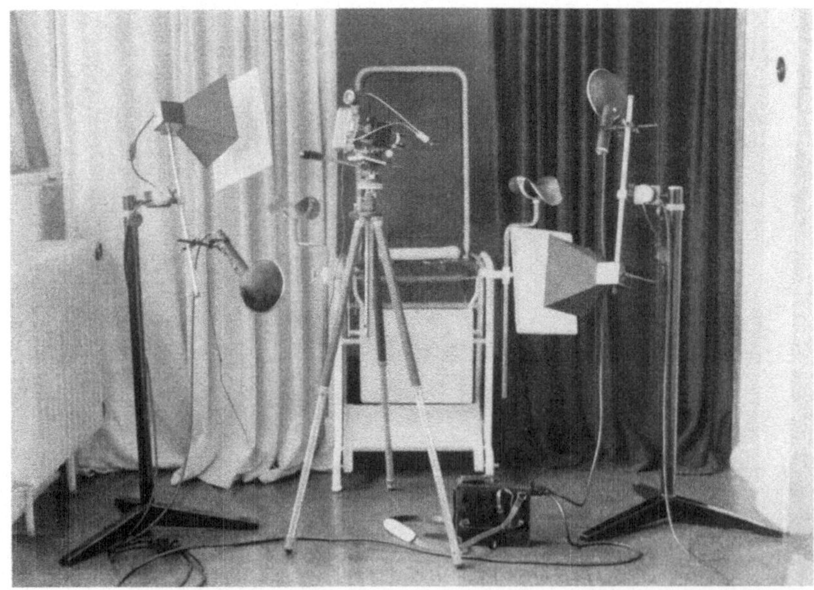

Abb. 89. Schon mit relativ einfachen Mitteln kann ein Patientenatelier zweckmäßig eingerichtet werden. Ein heller und ein dunkler Vorhang geben den Hintergrund. Der Patientenstuhl muß bequem und evtl. verstellbar sein. Eine zweiseitige Lampeneinrichtung reicht für die vorkommenden Aufnahmen völlig aus. Dazu natürlich die Kleinbildkamera mit Balgenauszug auf einem festen Stativ. (Aufn. Univ.-Hautklinik, Kiel.)

bequemen Stuhl und einer Liege ausgerüstet ist. Als Hintergrund empfiehlt sich ein neutrales Grau oder Beige. Ratsam sind zwei Vorhänge mit verschiedenen Tonabstufungen, also ein hellerer und ein dunklerer. Gegebenenfalls können die Helligkeitsabstufungen dadurch erreicht werden, daß der Patient in unterschiedlicher Entfernung zum Hintergrund gesetzt wird. Je größer die Entfernung des Aufnahmeobjektes vom Hintergrund, um so dunkler wird dieser.

Als Kameraausrüstung können alle Horizontalkameras benutzt werden, vorzugsweise natürlich wieder diejenigen, die mit Spiegelreflexeinrichtungen versehen sind. Balgennaheinstellgeräte werden ebenfalls wieder bevorzugt, da oft nur kleine Flächen (Furunkel, Ekzeme u. dgl.) aufzunehmen sind. Die Kamera muß auf einem praktischen Stativ angebracht sein. Säulenstative mit Kinoneigekopf sind Dreibeinstativen mit Kugelgelenkkopf vorzuziehen. Als Beleuchtungseinrichtung kommen 2—4 Heimlampen mit Nitraphotbirnen in Frage. Teilweise hat man sich hier auch schon sehr auf die Blitzlichtbeleuchtung umgestellt, da das Licht konstanter und intensiver ist. Die Blitzeinrichtung darf aber nicht an der Kamera angebracht sein, da in diesem Fall das Licht zu flach würde. Am besten arbeitet man mit zwei seitlichen Blitzgeräten verschiedener Intensität oder mit verschiedenem Abstand (der zweite Blitz dient zur Aufhellung der Schatten). Sinnvoll ist eine Wechselbeleuchtung mit Drehvorrichtung. An einem zentral

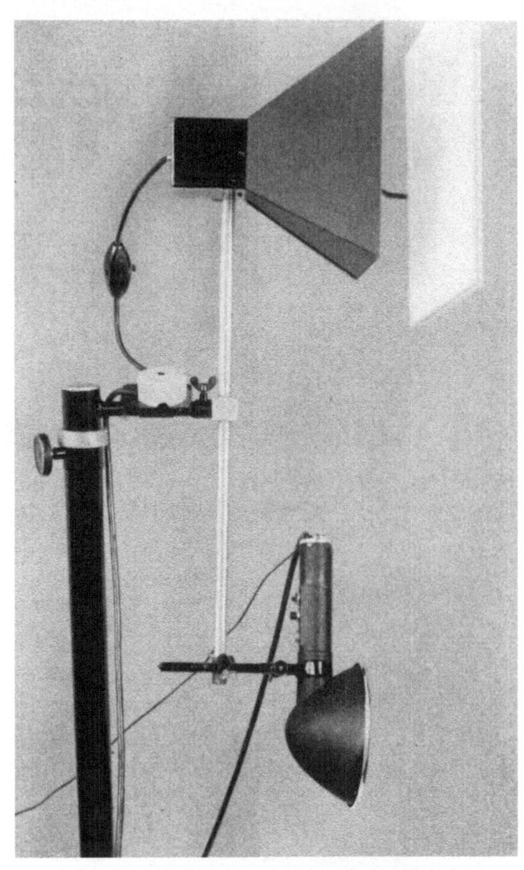

Abb. 90. Eine Glühlampen-Blitzlicht-Wechselbeleuchtung ist für ein Patientenatelier die praktischste Lösung. Eingestellt wird mit den Glühlampen, zur Aufnahme dagegen wird die an einem drehbaren Arm befestigte Blitzlichteinrichtung an die Stelle der Heimlampen gebracht, um die kürzesten Belichtungsmöglichkeiten auszunutzen. So können auch kleinste Details hell genug ausgeleuchtet werden. (Aufn. Univ.-Hautklinik, Kiel.)

drehbaren Arm wird an der einen Seite eine Heimlampe mit Glühbirne und an der anderen Seite ein Blitzreflektor angebracht. Die Einrichtung der Beleuchtung sowie die Einstellung der Kamera geschieht mit der Glühlampe. Ist alles zur Aufnahme fertig, wird der Lampenarm gedreht und an Stelle der Glühlampe sitzt nun der Blitzreflektor, der die Ausleuchtung während der Belichtung übernimmt.

Zur Aufnahme von Hautkrankheiten ist es zweckmäßig, mit orthochromatischem Aufnahmematerial zu arbeiten. Leider ist es schwierig, orthochromatische

Kleinbildfilme zu beschaffen, so daß man mehr oder weniger auf ortho-panchromatische Emulsionen angewiesen ist. Gute Erfahrungen sind in der letzten

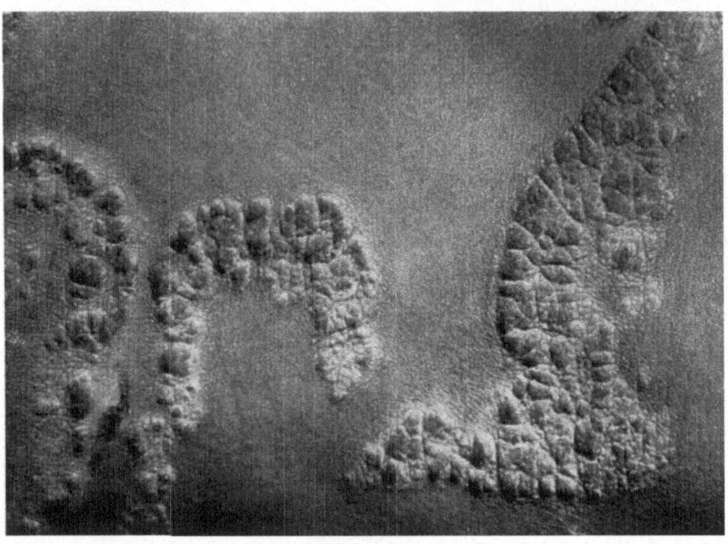

Abb. 91. Bei dieser Aufnahme der Schuppenflechte (Psoriasis) kommt es auf gute plastische Darstellung an. Zweiseitige Schrägbeleuchtung verschiedener Lichtstärke oder unterschiedliche Entfernung der Lichtquellen führen zu derartigen Effekten. (Aufn. Univ.-Hautklinik, Kiel.)

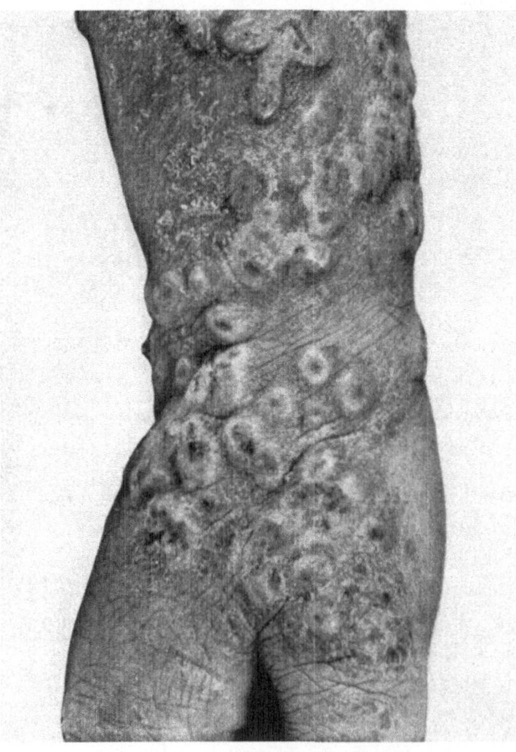

Zeit mit dem Kleinbildfilm Schleußner KB 14 gemacht worden. Hierzu ist die Anwendung der Farbfilter Gelb-Grün und Grün zu empfehlen.

Für Spezialgebiete wie Augen- oder Dentalaufnahmen stellen verschiedene Firmen besondere Apparaturen her, die heute so vereinfacht sind, daß nichts Nennenswertes hierzu erwähnt zu werden braucht. Die meisten dieser Apparaturen setzen sich zusammen aus Kleinbildkamera mit Spiegelreflexeinrichtung, zweckmäßigen Haltevorrichtungen für den Patienten und Glühlampen-Blitzlicht-

Abb. 92. Auch bei der Darstellung von Pocken (Vakzinepusteln) ist eine sehr plastische Ausleuchtung nötig. Bei Verwendung von panchromatischem Aufnahmematerial kommt leider die Rotfärbung nicht kontrastreich genug zum Ausdruck. Solche Aufnahmen wirken farbig natürlich viel lebendiger. (Aufn. Univ.-Hautklinik, Kiel.)

wechselbeleuchtungen. Besonders hervorzuheben wäre das Augenaufnahmegerät sowie die Einrichtung für Dentalaufnahmen der Firma Ernst Leitz, Wetzlar,

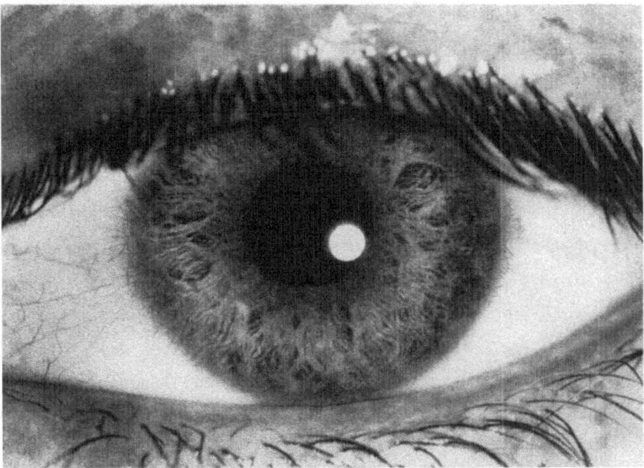

Abb. 93. Eine mit dem Augenaufnahmegerät hergestellte Irisaufnahme. Das Auge ist ganz ungestört und voll geöffnet. Jede feinste Zeichnung ist gut zu erkennen.

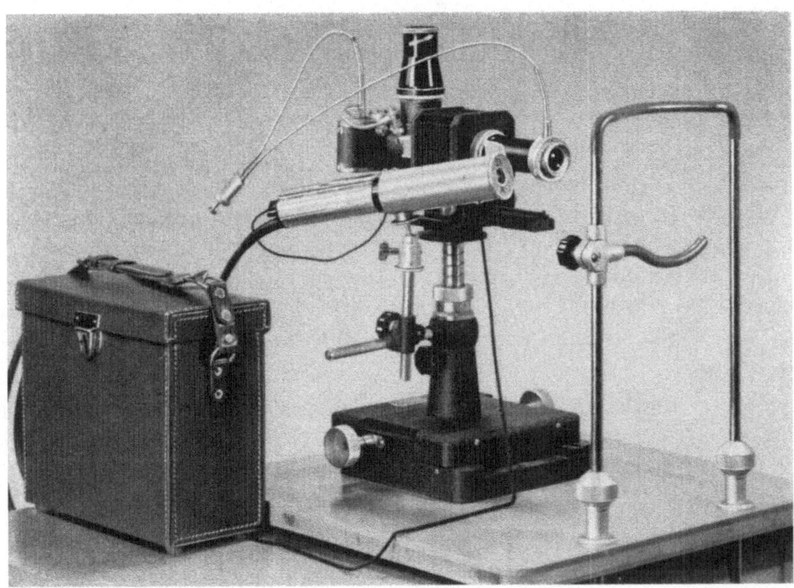

Abb. 94. Die Spezialapparatur für Augenaufnahmen der Fa. Ernst Leitz, Wetzlar, setzt sich zusammen aus dem Balgeneinstellgerät, einer Glühlampen-Blitzlicht-Wechselbeleuchtung und einer Kopfstütze. Die Kamera ist auf einem Kreuzverschiebungsstativ aufgebaut. Das Objektiv ist mit einer Vorwahlblende ausgerüstet und ermöglicht die Scharfeinstellung bei geöffneter Blende und schwachem Licht. Beim Auslösen werden Blende und Blitz automatisch betätigt.

die beide auf der Basis des Balgeneinstellgerätes zur Leica aufgebaut sind, und das Kolposkop von Leisegang GmbH, Berlin, sowie das Thoraskop der Richard Wolf GmbH, Knittlingen, die beide mit der Robot-Kamera gekoppelt sind.

V. Reproduktionstechnik.

1. Apparate zur Herstellung von Reproduktionen.

Obwohl das Gebiet der Reproduktionstechnik nicht mehr ganz in den Makrobereich gehört, soll es an dieser Stelle trotzdem erwähnt werden, da die Arbeitstechniken denen der Makrophotographie sehr ähnlich sind und die Reproduktionsphotographie in den wissenschaftlichen und technischen Labors ebenfalls viel gebraucht wird.

Für diese Aufnahmegebiete werden gesonderte Geräte hergestellt, die speziell den Forderungen der Reproduktionstechnik angepaßt sind. Wenn auch für gelegentliche Reproduktionsarbeiten ohne weiteres die üblichen Vertikalkameras benutzt werden können, empfiehlt es sich doch, bei umfangreicheren Arbeiten die speziellen Reproduktionskameras zu verwenden.

Im Prinzip ist die Reprokamera genau so aufgebaut wie die übliche Vertikalkamera, also auch sie besteht aus Grundbrett, Vertikalsäule und Balgenkamera. Doch sind besondere Vorrichtungen für die Scharfeinstellung und für die Ausleuchtung des Objektes vorgesehen. Bei den modernen Geräten erfolgt die Scharfeinstellung nicht mehr über die Mattscheibe, sondern wird mit Hilfe von Projektion einer Strichmarke auf die aufzunehmende Vorlage vorgenommen. Auf die Mattscheibe, die mit einer besonders feinen Strichmarke versehen ist, wird eine Projektionslampe aufgesetzt, welche die Einstellmarke auf die Vorlage wirft. Hier wird diese scharf wiedergegeben. Gleichzeitig gibt die ausgeleuchtete Fläche den Bildausschnitt an. Diese Einstellmethode ist mit der subjektiven Scharfeinstellung über die Mattscheibe an Genauigkeit nicht zu übertreffen und hat gleichzeitig den Vorteil einer bedeutend schnelleren Arbeitsmöglichkeit.

Als Aufnahmegeräte kommen heute Kameras aller Formate auf den Markt. In der jüngsten Zeit haben sich die sehr viel rentabler und schneller arbeitenden Kleinbildkameras stark durchgesetzt. Sie können für Vorlagen bis zur Größe von 45 × 60 cm ohne weiteres benutzt werden. Darüber hinaus dagegen reicht das Auflösungsvermögen der Kleinbildphotographie zumal bei der Reproduktion sehr feinstrichiger Vorlagen, wie Konstruktionszeichnungen u. ä., nicht mehr aus. Für derartige Vorlagen sollte man zweckmäßigerweise immer größere Aufnahmeformate wählen.

Optisch sind die Reprokameras mit speziellen Reproduktionsobjektiven ausgestattet, die im allgemeinen bei den Blenden 8—11 ihre besten Qualitäten zeigen.

Zu den Aufnahmegeräten gehört eine gute verstellbare Beleuchtungseinrichtung, die mit den Reproduktionskameras fest verbunden ist. Zweiseitige Lichtwannen, wie sie teilweise zu finden sind, haben den Nachteil zu starrer Einstellungsmöglichkeiten. Außerdem sind sie lange nicht so vielseitig verwendbar wie eine allseitig verstellbare Vierlampen-Beleuchtung.

Neben den eben beschriebenen normalen Reproduktionsgeräten gibt es große Horizontalkameras, die auf besonderen Schlittenführungen laufen und zur Befestigung der Vorlagen mit großen Saug- und Magnetwänden ausgerüstet sind. Sie lassen Aufnahmen in den Negativformaten über 24 × 30 cm zu und werden praktisch nur von größeren Bildstellen mit einem umfangreichen Reproduktionsprogramm, meist mit eigener Druckanstalt, gebraucht.

2. Reproduktionen von Strichvorlagen.

Als Strichvorlagen bezeichnet man alle Originale, die schwarze Strichzeichnung oder Schrift auf weißem Untergrund zeigen. Gerollte Vorlagen werden auf der Grundplatte der Apparatur angeheftet oder mit einer kratzerfreien Kristallglasplatte beschwert. Die Lampen müssen ungefähr im Winkel von 45° auf dieVorlage gerichtet werden und je nach Größe des Originals verschieden weit von ihm entfernt sein. Das Licht muß ganz gleichmäßig auf der zu reproduzierenden Fläche verteilt sein, was bei großformatigen Vorlagen oft Schwierigkeiten bereitet. In diesem Fall ist es immer vorteilhaft, die Lampen in einer weiten Entfernung zu haben, wenn auch die Belichtungszeit dadurch länger wird. Bei sehr

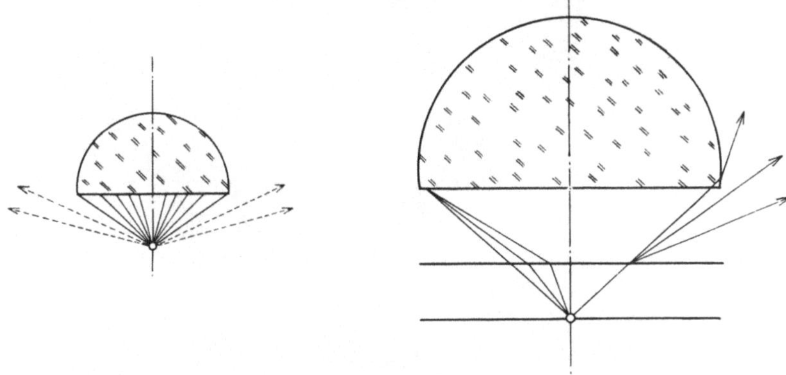

Abb. 95. Strichreproduktionen werden auf einem unempfindlichen Negativmaterial hergestellt und hart entwickelt. Die Kontraste müssen absolut schwarz und weiß sein.

großen Flächen kann man mit einer Photozelle und einem empfindlichen Mikroamperemeter die Gleichmäßigkeit der Ausleuchtung ausmessen.

Wie vorher schon einmal erwähnt, erhält man die beste Schärfe bei einer Abblendung um 8 bis 11. Strichreproduktionen werden mit einem sehr hart arbeitenden Negativmaterial (3/10 bis 6/10° DIN) hergestellt, um eine ganz klare schwarz-weiße Wiedergbabe zu erhalten.

Zur Entwicklung benutzt man am zweckmäßigsten einen Hydrochinon-Ätzkali-Entwickler, der zu sehr harten, gut gedeckten Negativen führt. Dieser Entwickler, dessen Rezept nachstehend aufgeführt ist, arbeitet am reinsten und klarsten, wenn er einige Tage abgestanden ist. Es ist also nicht ratsam. ihn im frischangesetzten Zustand zu benutzen.

Lösung A: auf 1000 cm³ Wasser
        25 g   Hydrochinon
        25 g   Kaliummetabisulfit
        25 g   Bromkali
Lösung B: auf 1000 cm³ Wasser
        50 g   Ätzkali

Die beiden Lösungen werden zum Gebrauch zu gleichen Teilen gemischt. Im gebrauchsfertigen Zustand ist der Entwickler nicht haltbar.

Hat bei Verwendung anderer Entwickler das Negativ einen Grauschleier bekommen, kann man diesen mit Hilfe von FARMERschem Abschwächer in derselben Weise wie bei Diapositiven entfernen.

3. Reproduktionen von Halbtonvorlagen.

Bei diesen Vorlagen handelt es sich um Originale in verschiedenen Tonabstufungen, z. B. Photographien, Druckabbildungen u. dgl. Für diese Reproduktionsart kommen dieselben Aufnahmegeräte zur Verwendung. So wird
auch in der Ausleuchtung in der gleichen Weise verfahren wie bei den Strichreproduktionen. Hat man es mit einer stark retuschierten Vorlage zu tun oder

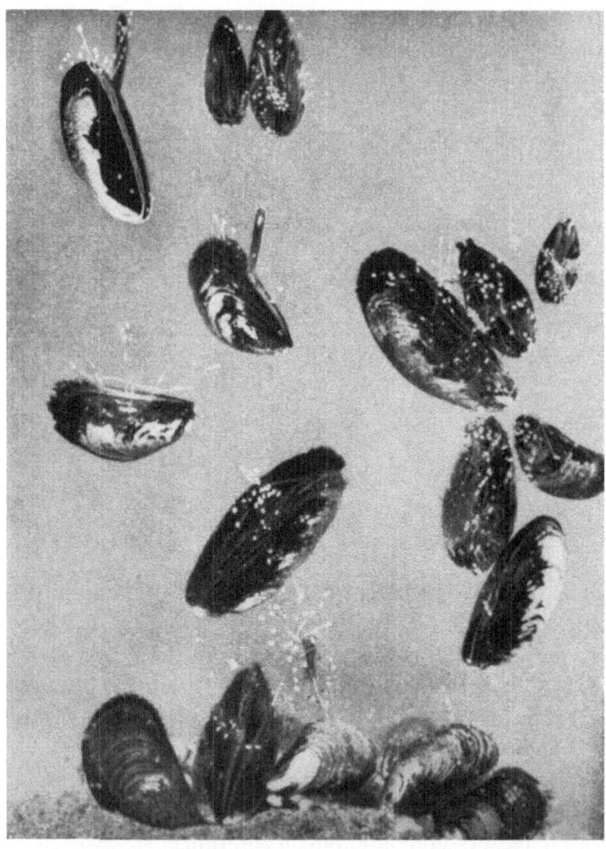

Abb. 96. Bei Halbtonvorlagen kommt es darauf an, soviel Zwischentöne wie irgend möglich zu erhalten und das
Negativ trotzdem brillant zu bekommen, damit die weißen und schwarzen Bildteile nicht grau werden.

mit einem groben Rasterdruck, empfiehlt es sich, das Original in eine Schale mit
Wasser zu legen und so zu reproduzieren. Hierdurch werden die Bilder zwar
etwas weicher, dafür kommen aber die retuschierten und unreinen Stellen nicht
so sehr zur Geltung. Bei dieser Aufnahmemethode muß natürlich sehr auf die
Lampenstellung geachtet werden, um keine Reflexe auf der Wasseroberfläche
zu bekommen. Als Aufnahmematerial verwendet man für diese Reproduktionsart
Negativemulsionen in den Empfindlichkeiten zwischen 10/10 und 12/10° DIN,
vorwiegend orthochromatisch, und entwickelt diese in den normalen Ausgleichsentwicklern. Man achte sehr darauf, daß die Bilder brillant werden, da die Spitz-
lichter auf den Papiervorlagen nicht absolut weiß sind und bei der Reproduktion

an Leuchtkraft verlieren. Andererseits darf man auch nicht zu hart entwickeln, da das Reproduktionsnegativ naturgemäß bedeutend ärmer an Zwischentönen ist als z. B. das Originalnegativ.

Sollen vergilbte Vorlagen reproduziert werden, muß man zur Aufnahme ein Gelbfilter verwenden, um ausgeglichene, schlierenfreie Wiedergaben zu erhalten. Vorlagen im bläulichen Ton, wie Blautonbilder, Tintenschrift, Blaudruck u. dgl. werden ebenfalls zur kontrastreicheren Darstellung mit Gelbfilter hergestellt.

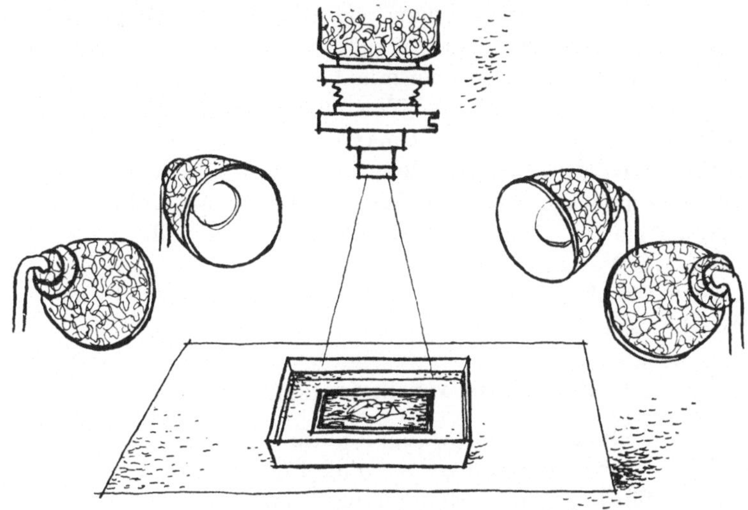

Abb. 97. Für Reproduktionen von stark retuschierten Originalen oder groben Rasterdruck-Vorlagen legt man diese in Wasser. Dadurch erhält man zwar eine etwas weichere, aber dafür doch bedeutend ruhigere Wiedergabe.

4. Reproduktionen von Farbvorlagen.

Bei Reproduktionen von Farbvorlagen kommt es in der Hauptsache auf tonwertrichtige Wiedergabe der Farben an. Man wird also orthochromatisches Material wegen seiner schlechten Rotwiedergabe vermeiden, demnach vorwiegend mit panchromatischem oder noch besser mit ortho-panchromatischem Material arbeiten. Meist empfiehlt es sich, Emulsionen mit 14/10 bis 17/10° DIN Empfindlichkeit zu wählen. Die Anwendung eines leichten Gelbfilters zur Dämpfung des Blau ist auch hier wieder angebracht. Entwickelt werden die Negative in Ausgleichsentwicklern.

Bei Reproduktionen von Gemälden ist bei der Ausleuchtung größte Vorsicht angebracht. Durch den schrägen Lichtauffall auf das Original entstehen oft Glanzlichter auf den Farberhebungen. Hier kann man sich einmal mit Polarisationsfiltern helfen, am sichersten ist aber ein ganz diffuses, indirektes Licht. Die Lampen werden also nicht direkt auf das Original gerichtet, sondern auf seitliche, weiße Reflexionswände oder ganz einfach in den Raum gehalten. Diese Allgemeinbeleuchtung führt natürlich zu recht erheblichen Belichtungszeiten, die man aber in diesem Fall auf sich nehmen muß.

Sollen dagegen Farbaufnahmen hergestellt werden, empfiehlt es sich, diese bei bedecktem Tageslicht (wegen der Reflexionsgefahr unter keinen Umständen bei blauem Himmel) zu machen, da die Einwirkungen des Kunstlichtes durch seine spektrale Zusammensetzung leicht zu Farbveränderungen führen kann.

5. Reproduktionen von Röntgennegativen.

Für Reproduktionen von Röntgennegativen werden zusätzlich zu den schon bereits beschriebenen Apparaturen spezielle Leuchtkästen benötigt. Diese Leuchtkästen müssen mit einer Opalscheibe (keine Mattscheibe!) ausgerüstet sein und eine gute Durchlüftung besitzen, damit die Scheibe nicht zu heiß wird. Um ein Wellen des Röntgennegativs zu verhindern, beschwere man es auf dem Leuchtkasten mit einer Glasplatte.

Schwierig ist die Scharfeinstellung, da die Röntgenbilder keine absolute Schärfe zeigen. Die besten Ergebnisse erzielt man hier mit Reproduktionskameras mit Projektionseinstellungen, da man mit diesen die wirklich maximale Schärfe erreicht. Zum besseren Erkennen der Einstellmarke kann man auf das Röntgennegativ ein dünnes Papier legen. Hat man es mit sehr kontrastreichen Vorlagen zu tun, empfiehlt es sich, die Aufnahme mit Gelb- oder sogar Orangefilter bei Verwendung von panchromatischem Material herzustellen. Für flaue Vorlagen wählt man dagegen ein kräftiges Grünfilter, um eine brillante Wiedergabe zu erzielen. Sind die Vorlagen kleiner als der Ausschnitt des Leuchtkastens, ist es erforderlich, die freibleibenden Teile mit schwarzem Papier abzudecken, womit Randüberstrahlungen vermieden werden.

6. Herstellung von Serienreproduktionen.

Für die Herstellung von Serienreproduktionen eignen sich am besten die modernen Kleinbildreproduktionsgeräte mit Projektionseinstellung. Derartige Arbeiten mit großformatigen Geräten auszuführen, wäre äußerst unrentabel und erforderte sehr viel Zeit. Ein besonders empfehlenswertes Zubehör speziell für Buchreproduktionen, die ja heute sehr häufig vorkommen, sind die Bucheinspannkästen. Sie bringen jede Buchseite immer wieder in die richtige Schärfenebene, so daß nur ein einziges Mal scharf gestellt zu werden braucht. Alle weitere Tätigkeit besteht im Umblättern des Buches und Transportieren des Filmes. Es handelt sich hier nur noch um eine rein mechanische Arbeitsmethode, mit der man aber die dicksten Bücher in allerkürzester Zeit reproduzieren kann.

Nach kurzen Proben macht auch die Belichtung keine Schwierigkeiten. Zur Erleichterung der Arbeit kann man sich Standardeinstellungen mit den jeweiligen Lampenstellungen und Belichtungszeiten notieren und sich somit ein festes Einstellungsschema schaffen.

Nachwort zum ersten Teil.

Mit der Reproduktionstechnik ist der erste Teil, der ausschließlich der Aufnahme gewidmet war, abgeschlossen. Das Gebiet der Makro- und Nahaufnahme ist so umfangreich, daß es natürlich nicht möglich war, im Rahmen dieser Arbeit auf jedes einzelne Objekt einzugehen. Sie sollte eine Übersicht über die hauptsächlichsten Arbeitsmethoden sein und in die grundlegenden Aufnahmetechniken einführen. Selbstverständlich werden bei intensiver Beschäftigung in diesem Arbeitsgebiet immer wieder neue Probleme auftreten, die den Photographierenden zwingen, aus eigener Initiative neue Wege zu finden und auf der Grundlage dieses Buches weiter aufzubauen.

VI. Das Negativmaterial und seine Verarbeitung.

In dem nun folgenden Teil sind alle phototechnischen Fragen unter besonderer Berücksichtigung der Verarbeitung des photographischen Materials zusammengefaßt worden. Selbstverständlich handelt es sich hier nicht um ein ausführliches Photo-Lehrbuch. Alle Verarbeitungsgänge sind nur auf das spezielle Gebiet der Nahaufnahme abgestimmt.

Wenn man sich heute mit phototechnischen Publikationen befaßt, wird man vielfach auf die sonderliche Tendenz stoßen, die gesamte Photographie durch viele Experimentierkünste zu „verkomplizieren". Dieser Zielrichtung, die wohl darauf ausgeht, neue Gestaltungsmittel zu finden, muß in der rein zweckbedingten Photographie, wie sie die Wissenschaft anwendet, entschieden entgegengestrebt werden. Die Photographie ist für die Wissenschaft nur ein Randgebiet, ein Hilfsmittel, das nicht viel Zeit beanspruchen darf und nicht durch komplizierte Arbeitsvorgänge eine „Wissenschaft für sich" wird. Darum soll hier über das Photographische auch nur das Notwendigste gesagt und die Arbeitsmethoden so einfach und unkompliziert wie möglich gehalten werden.

Allgemein kann man schon ganz grundsätzlich einige Thesen zur Vereinfachung der wissenschaftlichen Photographie aufstellen. Die erste Forderung lautet: Nur wenig verschiedene Materialsorten verwenden! Natürlich soll man sich die unterschiedlichen Eigenschaften des photographischen Materials zunutze machen, doch kann man dieses bei der Fülle der heutigen Materialsorten auch leicht übertreiben. Die modernen Emulsionen und Entwickler sind durchschnittlich so ausgleichend und gut abgestimmt, daß man sich praktisch auf wenige beschränken kann. Arbeitet man sich auf dies dann ein und lernt ihre Eigenschaften kennen, dann versteht man es auch, sie zweckmäßig anzuwenden und auch unterschiedliche Aufgabengebiete mit ihnen zu lösen.

Die zweite Forderung besteht in einer einfachen, aber gut durchdachten Arbeitsausrüstung. Wie schon zur Aufnahme die universelle Kamera, die Spiegelreflexkamera, gefunden wurde, so muß auch für das Labor eine einfache und trotzdem allen Forderungen gerechtwerdende Einrichtung angestrebt werden.

Bei Berücksichtigung dieser Grundsätze vereinfacht man nicht nur die Arbeit selbst, sondern erhält ohne viele Versuche bessere Ergebnisse und spart außerordentlich, auch in materieller Hinsicht, was gerade für die wissenschaftliche Arbeit von nicht unerheblicher Bedeutung ist.

1. Allgemeinempfindlichkeit und Gradation.

Um eine Materialsorte richtig beurteilen zu können und sich gut auf sie einzuarbeiten, ist es erforderlich, daß man über die Eigenschaften der photographischen Emulsion orientiert ist.

Die Negativschicht benötigt eine ganz bestimmte Lichtmenge, um auf ihr ein Bild zu erzeugen. Diese Lichtmenge ist von der Allgemeinempfindlichkeit des Negativs abhängig. Sie ist auf jeder Packung mit einer Einheitsnorm — den DIN-Graden — bezeichnet. Die lichtunempfindlichste Schicht führt die Bezeichnung 3/10° DIN, die höchstempfindliche Schicht 23/10° DIN. Innerhalb dieser Werte gibt es eine reichhaltige Abstufung, die man jeweils an Hand der

Bezeichnung beurteilen kann. Eine Steigerung von je 3/10° DIN ergibt jeweils die doppelte Empfindlichkeit. Arbeitet man z. B. mit einem Negativ von 14/10° DIN und wechselt auf ein solches mit 17/10° DIN, muß die Belichtungszeit um die Hälfte verringert werden, da die Lichtempfindlichkeit doppelt groß ist.

Von der Allgemeinempfindlichkeit sind wiederum mehrere Faktoren abhängig. die für die richtige Anwendung des Materials von großer Bedeutung sind. So ist

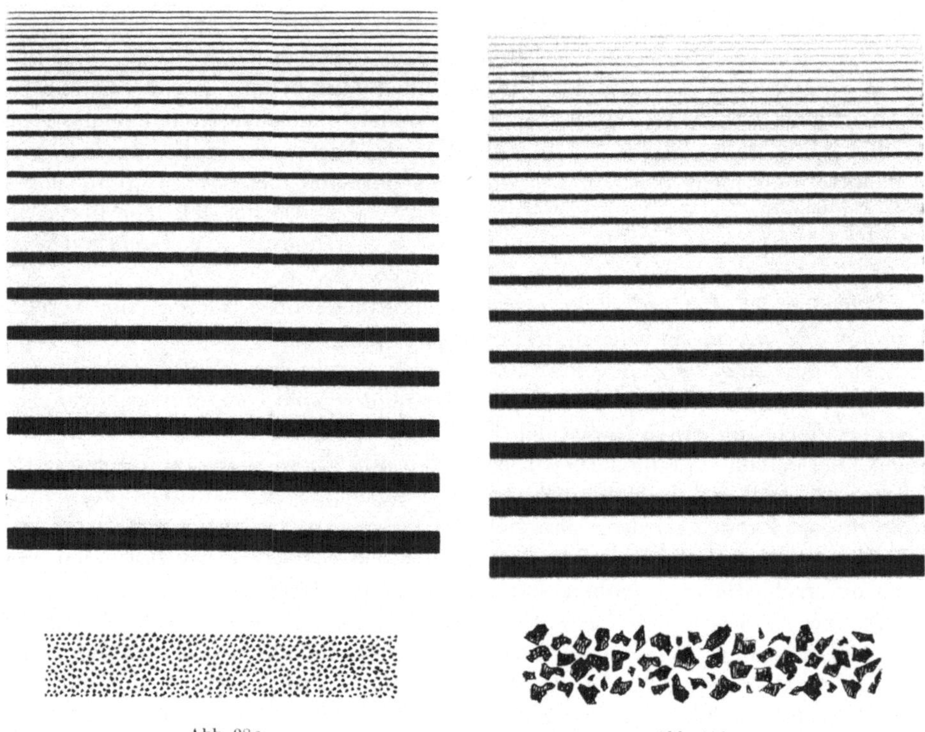

Abb. 98 a.   Abb. 98 b.

Abb. 98 a u. b. Zur Veranschaulichung des unterschiedlichen Auflösungsvermögens wurde hier eine Testvorlage mit a) Negativmaterial mittlerer Empfindlichkeit (12/10° DIN) und b) hoher Empfindlichkeit (21/10° DIN) photographiert. Man erkennt sehr deutlich, daß das Auflösungsvermögen der hochempfindlichen Emulsion keinesfalls ausreichend ist. Unter den beiden Abbildungen ist die Darstellung der jeweiligen Korngröße und Verteilung.

sie entscheidend für die Größe des Bromsilberkorns. auf dem ja die photographische Emulsion aufgebaut ist. Je unempfindlicher das Negativ ist, um so feiner ist sein Korn. Diese Eigenschaft spielt auf dem Spezialgebiet der Makrophotographie eine besonders große Rolle. Hier hat man es mit Objekten zu tun, die eine außerordentlich feine Struktur besitzen. Mit unseren modernen Objektiven werden diese Strukturen sehr gut aufgelöst. d. h. absolut scharf wiedergegeben. Nun tritt die Forderung auf. daß diese optische Auflösung auf dem photographischen Bild nicht verlorengeht. Arbeitet man mit einem hochempfindlichen Negativ, das besonders grobkörnig ist, würden die feinen Strukturen zerrissen und unscharf wiedergegeben, also nicht mehr aufgelöst werden. Eine gute bis ausreichende Feinkörnigkeit findet man bei Emulsionen bis zu einer Empfindlichkeit von 17/10° DIN. Höherempfindliches Material kann also allgemein für

den Makrobereich ausge-
schaltet werden. Kommt
es dagegen gelegentlich
einmal darauf an, mit
hoher Lichtempfindlich-
keit als letztes Mittel
die Belichtungszeit ab-
zukürzen, soll man hier-
von natürlich Gebrauch
machen, auch mit dem
Verzicht auf die letzte
Auflösungsmöglichkeit.

Ein zweiter wichtiger
Faktor ist die Grauwert-
wiedergabe, die für die
Qualität eines Bildes
ebenfalls ausschlagge-
bend ist. Die photogra-
phische Emulsion gibt die
Helligkeitsunterschiede
in verschiedenen Grau-
werten wieder. Die Grau-
abstufungen der einzel-
nen Materialsorten sind
sehr verschieden. Man
spricht von einer unter-
schiedlichen Gradation,
die zwar nicht allein von
der Allgemeinempfind-
lichkeit des Materials,
sondern auch von der
Entwicklung abhängig
ist. Die ausgeglichenste
und reichhaltigste Ton-
abstufung findet man
unter den Negativsorten
zwischen 12/10° und
17/10° DIN, so daß man

Abb. 99a—c. Mit diesen drei Bildern sollen die Merkmale der verschiedenen Gradationen demon-
striert werden. Abb. a zeigt ein
zu hartes Bild. Die Kontraste
zwischen Hell und Dunkel sind
zu groß, die Abstufung in den
Zwischentönen fehlt. Abb. b zeigt
ein zu weiches Bild. Die meisten
Töne liegen im mittleren Graubereich. Abb. c zeigt das normale
Bild mit einer guten und reich-
haltigen Tonabstufung und der
erforderlichen Brillanz.

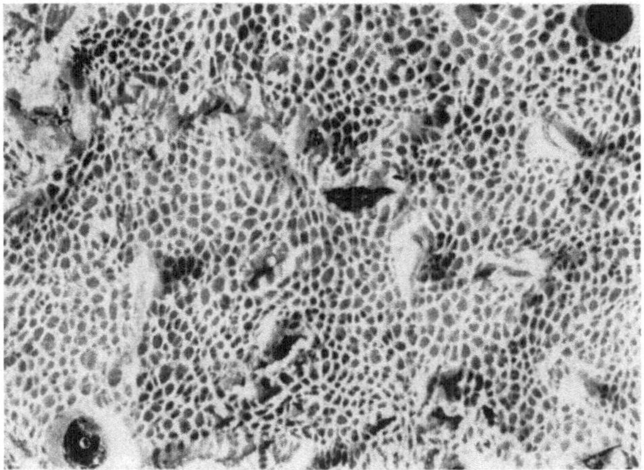

Abb. 99a.

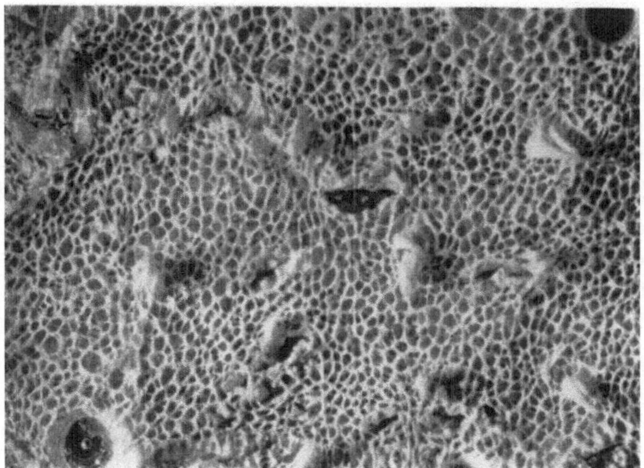

Abb. 99b.

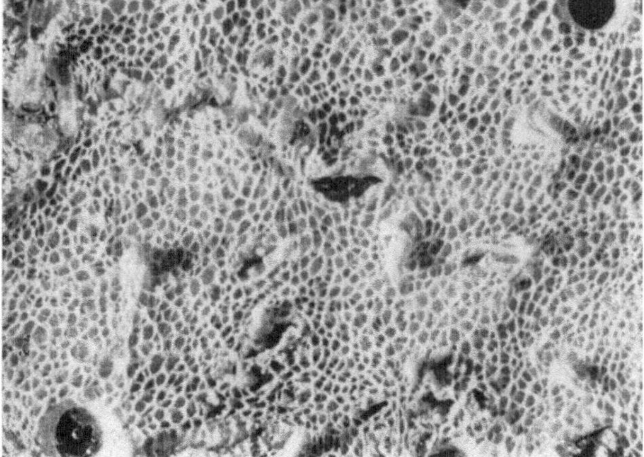

Abb. 99c.

sein Material also hauptsächlich unter diesen Empfindlichkeitsgraden suchen soll. Eine unempfindliche Emulsion ist wohl sehr feinkörnig, in ihrer Gradation aber außerordentlich hart arbeitend. Es fehlt ihr eine Abstufung im mittleren Graubereich. Diese Negative sind sehr gut für Kontrastaufnahmen geeignet, so z. B. für Strichreproduktionen.

Das hochempfindliche Material, welches schon wegen seiner Grobkörnigkeit für die vorliegenden Arbeitszwecke vermieden werden sollte, zeigt außerdem eine sehr weiche Gradation, die sich in der Hauptsache in den mittleren Grautönen beläuft.

Mit dieser Betrachtung der Allgemeinempfindlichkeit sind schon die hauptsächlichsten Eigenschaften der photographischen Emulsion gekennzeichnet. Sie führt zu dem Schluß, Negativsorten mittlerer Empfindlichkeit, also zwischen 12/10° und 17/10° DIN zu verwenden. Dieses Material hat eine für die meisten Fälle ausreichende Empfindlichkeit, zeigt die reichhaltigste Grauskala und ist feinkörnig genug, das Auflösungsvermögen des Objektives nicht zu reduzieren.

2. Farbempfindlichkeit und Farbfilter.

Neben der Allgemeinempfindlichkeit muß man aber auch über die Farbempfindlichkeit seines Negatives orientiert sein. Die photographische Schicht hat die Eigenschaft, ursprünglich nur für blaue Lichtstrahlen empfindlich zu sein. Erst durch ganz bestimmte Sensibilisierungsverfahren wird die Emulsion auch für andere Farbstrahlen mehr oder weniger empfindlich gemacht. Jede Farbe wird in einen ganz bestimmten Helligkeits- bzw. Grauwert übersetzt. Die ursprüngliche Blauempfindlichkeit bleibt aber bei allen Emulsionen bestehen. so daß die blaue Farbe grundsätzlich in ihrem Grauwert zu hell dargestellt wird. Die Empfindlichkeit für die anderen Farben ist bei den einzelnen Negativsorten unterschiedlich. So stuft man das Material nach seiner Farbempfindlichkeit in drei Gruppen:

1. Das *orthochromatische* Material: hochempfindlich für Blau (Darstellung zu hell), unempfindlich für Rot (Darstellung zu dunkel), normalempfindlich für Grün (Darstellung tonwertrichtig).

2. Das *panchromatische* Material: hochempfindlich für Blau (Darstellung zu hell), überempfindlich für Rot (Darstellung etwas zu hell), unterempfindlich für Grün (Darstellung etwas zu dunkel).

3. Das *ortho-panchromatische* Material: hochempfindlich für Blau (Darstellung zu hell). für alle anderen Farben normalempfindlich (Darstellung tonwertrichtig).

Diese Aufstellung enthält natürlich nur grundlegende Annäherungswerte. Eine feste Norm läßt sich schwer finden, da jedes Fabrikat kleine Abweichungen zeigt, auf die man sich jeweils erst einarbeiten muß. Man kann aber trotzdem schon klar erkennen, daß die einzelnen Farbwerte bei verschiedenen Materialsorten in unterschiedlichen Grauwerten wiedergegeben werden. Diese Feststellung ist für die Makrophotographie von großer Bedeutung, da sie zur Darstellung des Wesentlichen eine objektive Wiedergabe verlangt. in der die Grauwerte auch den wirklichen Farbwerten entsprechen müssen. Allein aus diesem Grunde ist es schon wichtig, mit den Materialsorten nicht zu viel zu wechseln, sondern sich auf wenige zu beschränken, diese aber dann wirklich in ihren Eigenschaften zu kennen.

Um die fehlerhafte Wiedergabe einiger Farben beim Aufnahmematerial zu korrigieren, verwendet man in der Photographie Farbfilter, die vor das Objektiv der Kamera gesetzt werden oder, wie es in der Makrophotographie vielfach auch vorkommt, vor die Lichtquelle gebracht werden. Diese Farbfilter kommen folgendermaßen zur Anwendung:

1. Für *orthochromatisches* Material:

Gelb-Filter (hell — mittel) zur Dämpfung des Blau. Die Unempfindlichkeit für Rot kann nicht aufgehoben werden. Aus diesem Grunde ist das orthochromatische Material für viele Aufnahmezwecke der Makrophotographie nicht sonderlich geeignet.

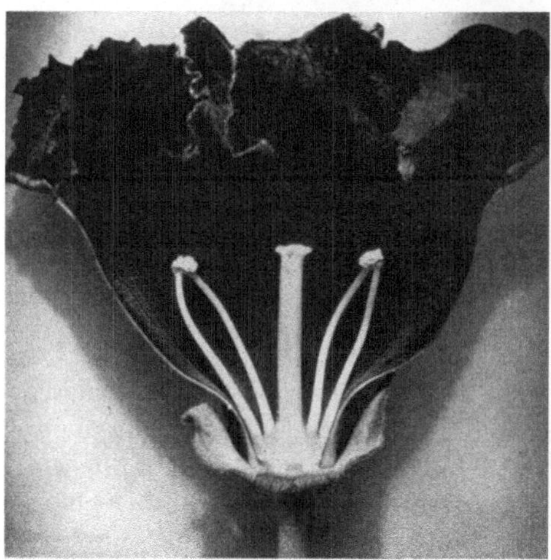 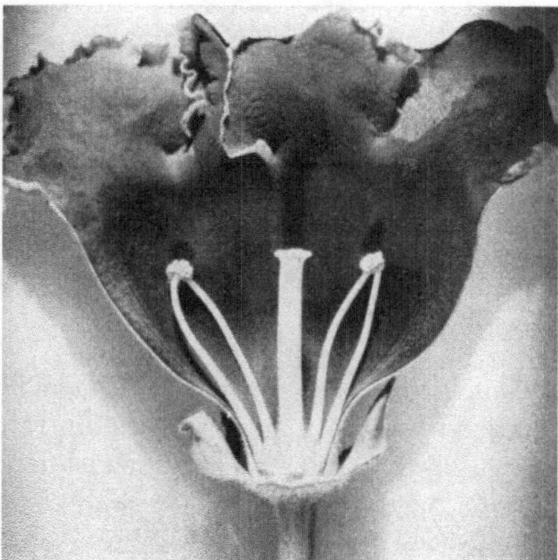

Abb. 100a.   Abb. 100b.

Abb. 100a u. b. Einen sehr guten Vergleich der unterschiedlichen Farbempfindlichkeit des photographischen Materials zeigt diese Aufnahme eines Querschnittes der Gloxinienblüte. Die orthochromatische Emulsion (a) bringt das Rot in einem viel zu dunklen Grauton wieder, eine richtige Grauwertwiedergabe zeigt das panchromatische Material (b).

2. Für *panchromatisches* Material:

Gelb-grün-Filter (hell — mittel) zur Dämpfung von Blau und schwachen Dämpfung von Rot.

Grün-Filter (hell — stark) zur Dämpfung von Blau und stärkeren Dämpfung von Rot und zur Betonung des Grün.

Orange-Filter (hell — mittel) zur starken Dämpfung von Blau und Betonung von Rot.

3. Für *ortho-panchromatisches* Material:

Gelb- und Gelbgrün-Filter zur Dämpfung von Blau. Die anderen Farben werden allgemein tonwertrichtig wiedergegeben.

In einigen Fällen können Farbfilter auch zur Betonung des Wesentlichen herangezogen werden, so z. B. um eine besonders kontrastreiche Darstellung zu erzielen. In diesem Falle werden die Farbfilter dann nicht zur tonwertrichtigen Wiedergabe der Farben, sondern tonverstärkend angewandt.

In der Makrophotographie können Farbfilter auch zur Herstellung einer ausgeglichenen Licht- und Schattenwirkung herangezogen werden. In einigen vorangegangenen Kapiteln des Aufnahmeteils war die Rede von der Zweifarben-filterung. Diese Ausleuchtungs- und Filtermethode soll an dieser Stelle noch einmal grundlegend beschrieben werden.

Vorwiegend bei Aufnahmen von Objekten mit einer starken Eigenreflexion (sehr helle bis weiße Objekte) ist es oft schwierig, eine ausgeglichene Licht- und Schattenwirkung zur plastischen Darstellung zu erzielen. Aus diesem Grunde wird das Objekt nicht mit weißem Licht beleuchtet, sondern mit farbigem, und zwar mit jeweils zwei verschiedenen Farben. Die beiden Farbfilter werden

Abb. 101 a.

abhängig von der Farbempfindlichkeit des Negativmaterials folgendermaßen gewählt: Für die Lichtseite wird ein Filter benötigt, dessen Farbe für die photographische Emulsion empfindlich ist, die in einem hellen Grauton dargestellt wird. Für die Schattenseite dagegen wählt man ein Filter, dessen Farbe von der photographischen Schicht nur gedämpft aufgenommen wird, also in einem dunkleren

Abb. 101 b.

Abb. 101 a u. b. Einen sehr deutlichen Vergleich zeigen diese beiden Aufnahmen, die (a) ohne Filter und (b) mit Grünfilter bei Verwendung von panchromatischem Material hergestellt wurden. Erst die Anwendung von Farbfiltern verhilft zur tonwertrichtigen und kontrastreichen Darstellung.

Grauton gezeigt wird. Durch diese Zweifarbenfilterung erhält man einen konstanten Ausgleich und gut abgestufte Licht- und Schatteneffekte, da hier nicht nur die Lichthelligkeit, sondern auch der Farbton die Grautönung bewirkt. Für diese Methode werden folgende Filter bei Verwendung der verschiedenen Materialsorten benötigt:

1. Für *orthochromatisches* Material:

Lichtseite: Gelb-Filter (hell).

Schattenseite: Orange-Filter (mittel) oder Grün-Filter (sehr kräftig).

2. Für *panchromatisches* Material:

Lichtseite: Gelb-Orange-Filter (hell).

Schattenseite: Grün-Filter (kräftig).

3. Für *ortho-panchromatisches* Material:

Lichtseite: Gelb-Orange-Filter (hell).

Schattenseite: Grün-Filter (kräftig). Bei diesem Material muß zusätzlich mit einer geringen Regulierung der Lichtintensität auf der Schattenseite gearbeitet werden.

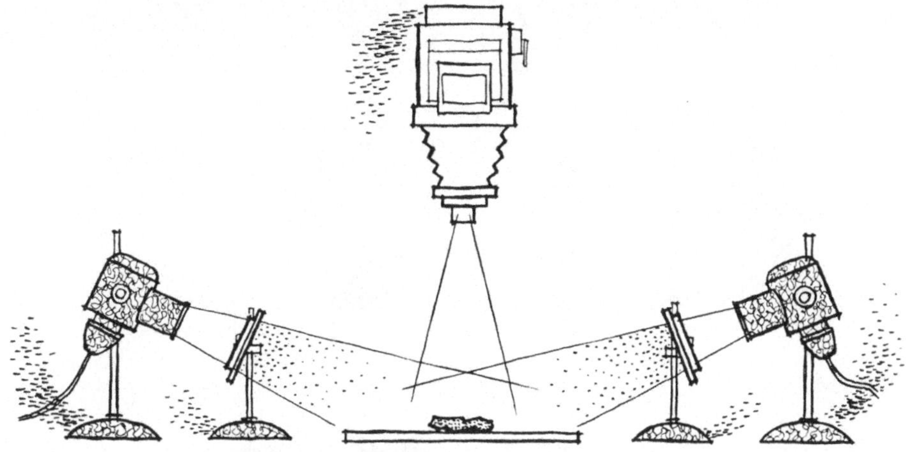

Abb. 102. Schematische Darstellung einer typischen Geräteanordnung für Aufnahmen mit Zweifarbenbeleuchtung zur Erzielung gut abgestimmter Licht- und Schatteneffekte. Das Objekt wird von zwei Seiten mit verschiedenfarbigem Licht angestrahlt. Die Wahl der Farben richtet sich nach der Farbempfindlichkeit des Aufnahmematerials.

Weiterhin ist zu empfehlen, bei Aufnahmen von weißen Objekten (Blüten, weiße Unterlagen u. dgl.) grundsätzlich ein Farbfilter zu verwenden. Das weiße Licht enthält viele Blaustrahlen und führt dadurch leicht zu Überstrahlungen. Schon helle Farbfilter vermeiden diese unangenehme Eigenschaft.

3. Die Materialsorten.

Wie schon früher festgestellt wurde, kommen hauptsächlich Negativemulsionen mit der Empfindlichkeit zwischen 12/10° und 17/10° DIN zur Anwendung. Nach der Betrachtung der Farbempfindlichkeit wird man für die meisten Aufnahmegebiete ortho-panchromatisches oder panchromatisches Aufnahmematerial wählen, da bei diesen die Farben am besten in die entsprechenden Grauwerte übersetzt werden.

Es wäre hier fehl am Platze, die einzelnen Fabrikate aufzuzählen. Im Grunde kann man bei den modernen Emulsionen behaupten, daß der Unterschied der einzelnen Fabrikate sehr gering ist. Zwar hat jedes Material irgendwo „seine persönliche Note" und es kommt nur darauf an, daß man sich entsprechend einarbeitet.

So sollen hier nur die einzelnen Aufnahmegebiete betrachtet werden und die für sie geeignete Negativart ausgewählt werden. Material *unter 10/10° DIN* kommt praktisch nur für Strichreproduktionen zur Anwendung.

Material *zwischen 10/10° und 12/10° DIN* wird für Reproduktionen von Halbtonvorlagen verwandt sowie für Makroaufnahmen, bei denen es auf außerordentliche Feinkörnigkeit ankommt (besonders bei Feinstrukturen. starken Positivvergrößerungen u. dgl.).

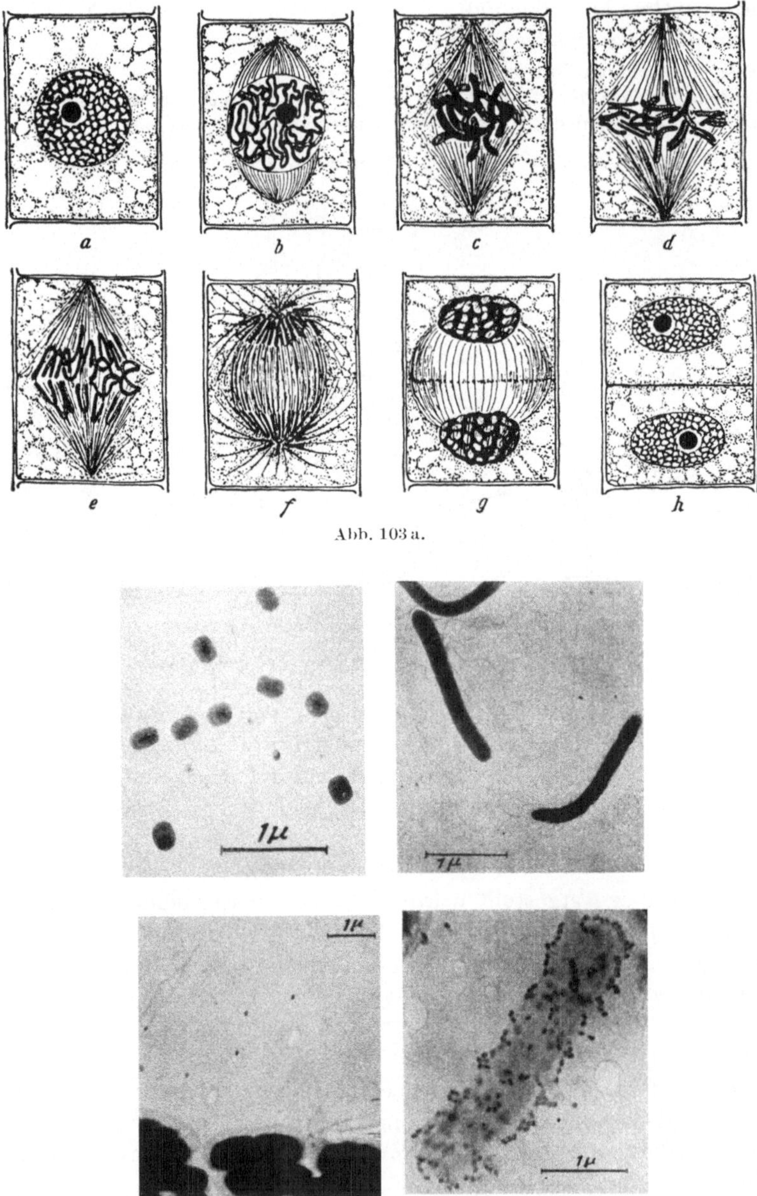

Abb. 103 a.

Abb. 103 b.

Material *zwischen 12/10° und 17/10° DIN* kann man als das normale Aufnahmematerial bezeichnen, mit dem man bis auf einige Spezialgebiete auskommt. Material *über 17/10° DIN* wird nur in solchen Sonderfällen gebraucht, in denen es

Heunert, Nahaufnahme.

Abb. 103 c.

Abb. 103 d.

Abb. 103 a—d. Anwendungsgebiete der vier Materialgruppen: a) Material unter 10/10° DIN für Strichreproduktionen. b) Material zwischen 10/10 und 12/10° DIN für Halbtonreproduktionen und Makroaufnahmen von Feinstrukturen. c) Material zwischen 12/10 und 17/10° DIN für alle normalen Makroaufnahmen. d) Material über 17/10° DIN für Makroaufnahmen von Objekten in schneller Bewegung.

darauf ankommt, alle gegebenen Möglichkeiten auszunutzen, um auf eine besonders kurze Belichtungszeit zu kommen, also speziell bei Aufnahmen von Objekten in starker Bewegung.

Muß für besondere Zwecke orthochromatisches Material gebraucht werden, ist man vorwiegend auf Platten oder 6 × 9-Filme angewiesen, da in Deutschland orthochromatisches Kleinbildmaterial mittlerer Empfindlichkeit noch nicht wieder hergestellt wird. Dieses ist leider ein Mangel, der sich in der wissenschaftlichen Photographie immer wieder störend bemerkbar macht.

Wiederum bestehen bei panchromatischem Plattenmaterial Schwierigkeiten, da dieses allgemein auf die Porträtphotographie abgestimmt ist und bei seiner hohen Empfindlichkeit zu weich arbeitet. Nach letzten Erfahrungen hat sich die panchromatische Platte Hauff-Pancrosin mit 17/10° DIN für normale makrophotographische Aufnahmen gut bewährt. Bei orthochromatischem Plattenmaterial wird meist mit einer Empfindlichkeit von 12/10° DIN (Hauff-Ortho-Licht, Perutz-Silbereosin) gearbeitet.

4. Die Belichtung.

Obwohl die heutigen Negativemulsionen einen recht beachtlichen Belichtungsspielraum aufweisen, bestehen in der Beurteilung der Belichtungszeit immer wieder erhebliche Schwierigkeiten. Bei großen Objekten, bis zu Ausmaßen von 5—8 cm, kann man die Belichtungszeit noch ziemlich exakt mit den handelsüblichen elektrischen Belichtungsmessern ermitteln. Bei kleineren Objekten dagegen kommt man zu keinen genauen Ergebnissen mehr, da die Lichtauffangflächen der Belichtungsmesser zu groß sind und dadurch nur einen Allgemeinwert angeben können. Am sichersten ist es, wenn man bei derartig kleinen Objekten Probebelichtungen durchführt. Andernfalls kann man sich einen speziellen Belichtungsmesser für diese Zwecke herrichten, der übrigens gleichzeitig auch für die Mikrophotographie geeignet ist. Hierzu baut man eine Photozelle mit ca. 20 mm Durchmesser in eine ca. 50 mm lange Hülse, die gleichzeitig als Lichtschutz gegen seitlich einfallendes Licht dient. Diese Photozelle wird an

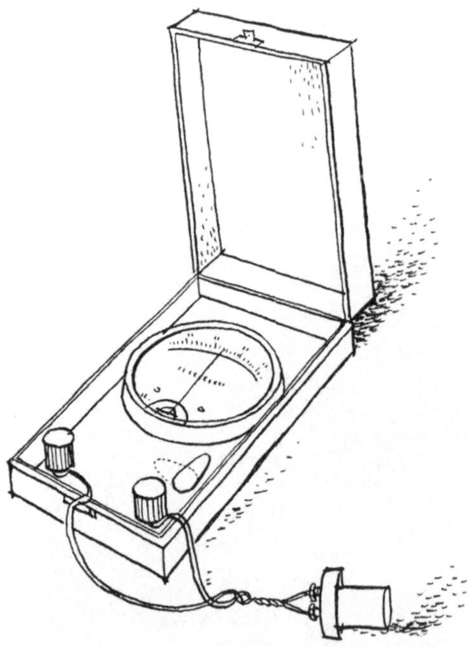

Abb. 104. Spezialbelichtungsmesser für Makro- sowie auch Mikroaufnahmen, bestehend aus Photozelle mit Lichtschutzrohr und Halter sowie einem empfindlichen Mikroamperemeter, am zweckmäßigsten mit zwei Meßbereichen.

den empfindlichsten Amperemeter vorzugsweise mit zwei Meßbereichen (Lieferant Fa. Gossen) angeschlossen. Vor Gebrauch ist es erforderlich, diese Einrichtung einmal grundlegend zu eichen, und zwar mit allen vorhandenen Objektiven bei einer Blende von 4,5 und einem durchschnittlichen Balgenauszug von ca. 25 cm.

In der praktischen Auswertung müssen dann jeweils die Verlängerungsfaktoren für kleinere Blenden und längere Balgenauszüge berücksichtigt werden. Für die Blenden kann man sich die Verlängerungsfaktoren leicht errechnen: jede nächstkleinere Blende ergibt das Doppelte der Belichtungszeit.

Tabelle 2.

Blende	2,8	4	5,6	8	11	16
Verlängerungsfaktor	—	2 ×	4 ×	8 ×	16 ×	32 ×
Belichtungszeit in Sekunden	2	4	8	16	32	64

Die Verlängerungsfaktoren für die verschiedenen Balgenauszüge zwischen 25 und 50 cm sind aus folgender Tabelle zu entnehmen:

Tabelle 3. *Verlängerungsfaktoren bei Balgenauszug von 25 bis 50 cm.*

cm	V.-F.	cm	V.-F.	cm	V.-F.	cm	V.-F.	cm	V.-F.
25	1	30	1,44	35	1,96	40	2,56	45	3,24
25,5	1,04	30,5	1,49	35,5	2	40,5	2,62	45,5	3,31
26	1,08	31	1,54	36	2,07	41	2,69	46	3,38
26,5	1,12	31,5	1,59	36,5	2,13	41,5	2,76	46,5	3,45
27	1,17	32	1,64	37	2,19	42	2,82	47	3,53
27,5	1,21	32,5	1,69	37,5	2,25	42,5	2,89	47,5	3,61
28	1,25	33	1,74	38	2,31	43	2,96	48	3,69
28,5	1,30	33,5	1,80	38,5	2,37	43,5	3,03	48,5	3,76
29	1,35	34	1,85	39	2,43	44	3,10	49	3,84
29,5	1,39	34,5	1,90	39,5	2,50	44,5	3,17	49,5	3,92
								50	4

Würde man also bei einer Messung für ein bestimmtes Objektiv die Belichtungszeit von $^1/_2$ sec ermitteln und arbeitet mit Blende 8 (V.-F. 4) und einem Balgenauszug von 36 cm (V.-F. 2) bei einer Eichung des Belichtungsmessers auf Blende 4, käme man zu einem Belichtungswert von:

$$^1/_2 \times \text{V.-F. } 4 = 2 \text{ sec} \times \text{V.-F. } 2 = 4 \text{ sec.}$$

Für diejenigen, die nur ab und zu einige Aufnahmen machen, wird die freie Ermittlung der Belichtungszeit etwas problematisch sein, wenn man dagegen öfter photographiert, arbeitet man sich leicht ein und bekommt sehr schnell die richtige Beurteilungsgabe, speziell bei Kameras mit Mattscheibenbeobachtung.

5. Die Negativ-Entwicklung.

Um das Bild auf der photographischen Schicht sichtbar zu machen, muß das Negativ entwickelt werden. Für die Negativverarbeitung gilt dieselbe Grundregel, wie sie am Anfang des II. Teils schon einmal betont wurde: Vereinfachung und Standardisierung der Arbeitsmethoden! Es sind heute eine Unmenge Entwickler auf dem Markt, die es einem unmöglich machen, auf die verschiedenen Fabrikate einzeln einzugehen. Darum sollen an dieser Stelle nur die grundsätzlichen Richtlinien, die zu beachten sind, erläutert werden.

Wie schon bei der Behandlung der Allgemeinempfindlichkeit erwähnt wurde, hängt die Gradation, aber auch die Größe des Kornes und damit das Auflösungsvermögen der Negativemulsion entscheidend von dem Entwickler und der Entwicklungsart ab. So kann man heute vier Hauptentwicklertypen unterscheiden, deren Eigenschaften im folgenden beschrieben werden sollen.

1. Kontrast-Entwickler. Bei diesen Entwicklern handelt es sich vorwiegend um einfache Metol-Hydrochinon-Entwickler, die im Negativverfahren nur für die Entwicklung von Strichreproduktionen gebraucht werden. Sie arbeiten allgemein nicht sehr feinkörnig, aber sehr hart.

Vielfach werden für die normale Negativentwicklung derartige Entwickler benutzt, wovon aber dringend abgeraten werden muß.

2. Ausgleichs-Entwickler. Diese Entwickler, wie z. B. Rodinal oder Perinal, sind außerordentlich vielseitig verwendbar, so daß sie zum Standard-Entwickler des Labors werden sollten. Sie arbeiten ausreichend feinkörnig und haben ein sehr großes Ausgleichsvermögen bei unterschiedlichen Belichtungen. Außerdem arbeitet der Entwickler sehr rentabel, da er zum Gebrauch stark verdünnt wird. Jeder Ansatz wird nur einmal benutzt, wodurch man ein stets konstantes Ergebnis erzielt. Für Platten wird meist mit Verdünnungen von 1:20 oder 1:30 gearbeitet. Aber auch zur Entwicklung der heutigen Kleinbildfilme bis zu einer Empfindlichkeit von 17/10° DIN kann diese Entwicklerart angewandt werden. In diesem Fall ist er in einer Verdünnung von 1:40 bis 1:50 anzusetzen.

Kommt es darauf an, von Kleinbildnegativen sehr starke Vergrößerungen anzufertigen (über 24 × 30 cm), so ist es empfehlenswert, ausgesprochene Feinkornentwickler zu verwenden.

3. Feinkorn-Entwickler. Von dieser Entwicklerart gibt es eine große Menge auf dem Markt, die alle mehr oder weniger auf die Entwicklung von Roll- und Kleinbild-Filmen abgestimmt sind. Da sie nicht so rentabel arbeiten, wie die vorgenannte Entwicklerart, wird man sie nur da anwenden, wo es auf besondere Feinkörnigkeit im Negativ ankommt, also speziell auf solche, von denen später sehr hohe Vergrößerungen gemacht werden sollen, sowie bei den Negativen über 17/10° DIN. Da in einem Ansatz 8—10 Filme zur Entwicklung kommen, muß jeweils auf den Verlängerungsfaktor für die Entwicklungszeit geachtet werden. Es ist also vorteilhaft, jede Entwicklung auf dem Flaschenetikett zu vermerken, um von vornherein Fehlerquellen auszuschalten.

4. Ultrafeinkorn-Entwickler. Diese Entwickler kommen praktisch nur für besonders feinkörnige Entwicklungen von hochempfindlichen Filmen (23/10° DIN) in Frage. Das von Natur aus schon große Korn des Filmes soll mit dem Entwickler so klein wie irgend möglich gehalten werden. Hierzu ist der Ultrafeinkornentwickler gut geeignet. Da er aber außerordentlich weich arbeitet und man eigentlich nur mit einigen Finessen zu guten Ergebnissen kommt, sollte dieser Entwickler für normale Negative nicht verwandt werden.

Nun soll noch einiges über den Entwicklungsvorgang gesagt werden. Für diejenigen, die ihre Aufnahmen zur Ausarbeitung an ihren Photohändler geben, sei dringend empfohlen, wenigstens die Negativentwicklung selbst durchzuführen. Sie gewährleistet so ein konstantes Ergebnis und gibt die Möglichkeit, in besonderen Fällen durch spezielle Arbeitsmethoden den Negativcharakter zu beeinflussen. Die Negativentwicklung, zumal von Filmen, macht heute überhaupt keine Umstände mehr und ist außerdem relativ billig.

Vorweg die Lichtfrage in der Dunkelkammer. Zum Entwickler von orthochromatischem Material, also vorwiegend von Platten, muß eine Lampe mit einem orthochromatischen Rotfilter vorhanden sein. Am vorteilhaftesten sind die genormten Filter, wie sie z. B. von der Agfa unter der Bezeichnung Nr. 107 geliefert werden. Für die Entwicklung von panchromatischem Material werden grüne Dunkelkammerfilter (Agfa Nr. 108) geliefert, doch sind diese bei den modernen pan- oder ortho-pan-chromatischen Emulsionen mit großer Vorsicht anzuwenden. Da das grüne Licht sehr dunkel ist, verleitet es dazu, mit dem Negativ nahe an die Lampe heranzugehen, was aber durchschnittlich zu Verschleierungen des Negativs führt. Aus diesem Grunde ist es empfehlenswert, die Bearbeitung des panchromatischen Materials im Dunkeln vorzunehmen, woran man sich sehr schnell gewöhnen kann.

Platten werden in Schalen unter ständiger Bewegung entwickelt. Da es sich bei Platten meist um orthochromatisches Material handelt, kann die Entwicklung bei rotem Licht beobachtet werden. Die Platte ist ausentwickelt, wenn rückseitig die ersten Konturen durchscheinen und die milchige Rückseitenschicht etwas glasig wird. Diese Erscheinungen kann man gut beobachten und seine Entwicklung danach abstimmen. Panchromatische Platten müssen im Dunkeln nach Zeit oder bei grünem Dunkelkammerlicht (Vorsicht!) entwickelt werden.

Nach der Entwicklung werden die Platten in Wasser abgespült und in eine Schale mit Fixiernatron gelegt. Im Fixierbad bleiben die Platten die doppelte Zeit, wie sie zum Klarwerden gebraucht haben. Durchschnittlich sind es 10 bis 15 min. Nach dem Ausfixieren können die Negative wieder dem Licht ausgesetzt

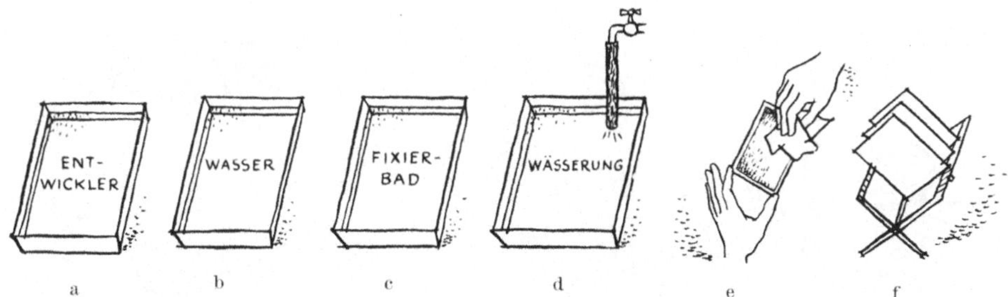

Abb. 105 a—f. Schematische Darstellung der einzelnen Phasen des Entwicklungsvorganges bei Platten a) Entwicklung (je nach Rezept 3—6 min). b) Zwischenwässerung zum Abspülen. c) Fixierung (ca. 10—15 min). d) Wässerung (ca. 20—30 min). e) Abledern zur Sauberhaltung und Trocknung. f) Trocknung auf Trockenständer in staubfreiem Raum.

werden. Anschließend werden sie ca. 20 min in fließendem Wasser gewässert. Hierzu kann man die Platten auf den Boden einer Schale legen, besser aber ist das Aufstellen in einem Plattenkorb, der dann in einen Trog oder ein Becken zum Wässern eingehängt wird.

Um im Anschluß an das Wässern ein schnelles Trocknen der Platten zu gewährleisten und damit die Gefahr des Verstaubens zu verringern, werden die Platten auf Schicht und Glasseite vorsichtig mit einem weichen Lederlappen, der vorher angefeuchtet und gut ausgedrückt wird, abgeledert. Zum Trocknen stellt man die Platten aufrecht in einen Plattenständer und stellt diesen in einen möglichst staubarmen Raum oder in einen evtl. vorhandenen Trockenschrank.

Die Filmentwicklung geht in einer anderen Weise vor sich. Hierzu werden heute allgemein Entwicklungsdosen, die es in nachfolgenden Ausführungen auf dem Markt gibt, angewandt:

1. Die Correxdose. Bei dieser Entwicklungsdose wird der Film in einem Zelluloidband auf eine Spule aufgewickelt. Das Band hat am Rand ein- oder doppelseitig hervorstehende Nocken, die den Film zwischen den Bandreihen hohl liegen lassen. In das doppelseitige Nockenband können gleichzeitig zwei Filme aufgespult werden. Man muß nur darauf achten, daß die Filme mit ihrer Zelluloidseite aneinanderliegen.

2. Die Spiraldose. Diese Dose (in der Art des Jobotanks) enthält eine Spule mit Spiralführung, in die der Film eingeschoben wird. Zum Einführen des Filmes ist es zweckmäßig, die Ecken des Anfangsstückes etwas abzurunden, da sich der Film dann leichter weiterschieben läßt.

Bei den beiden eben erwähnten Dosentypen muß der Film im Dunkeln eingelegt werden.

3. Die Tageslichtentwicklungsdose. In diese Dose kann der Film bei Tageslicht eingelegt werden. Der Film wird mit Hilfe eines Gummizuges in der verschlossenen Dose aus der Kassette in eine Spiralführung gezogen.

In die unter 1 und 2 genannten Dosen wird der Entwickler vor Einlegen des Filmes gegossen. Dann wird der Film vorsichtig, ohne die Schichtseite zu berühren, aufgespult und in die gefüllte Entwicklungsdose getaucht. Hierbei ist es zweckmäßig, die Spule mehrmals auf den Boden der Dose aufzustoßen, damit Luftblasen, die sich beim Eintauchen evtl. an die Schicht gesetzt haben, abspringen. Der Deckel wird verschlossen und nun kann die Dose dem Tageslicht ausgesetzt werden. Während der Entwicklungszeit (vom jeweiligen Entwickler abhängig) muß die Spule mit Hilfe eines Drehknopfes ab und zu bewegt werden. Ist die Entwicklungszeit abgelaufen, wird der Entwickler aus der verschlossenen

Abb. 106a—c. Darstellung der verschiedenen Entwicklungsdosen: a) Bei der *Correx-Dose* wird der Film auf ein Nockenband aufgespult. b) Der *Jobo-Tank* ist mit einer Spiralspule zum Einschieben des Filmes versehen. c) Die *Tageslichtentwicklungsdose* erlaubt es, den Film auch im Hellen einzulegen.

Dose ausgegossen, der Tank kurz mit Wasser angefüllt und wieder entleert und anschließend mit Fixiernatron gefüllt. Die Fixierzeit bei Filmen beträgt ungefähr 5—10 min.

Nach dem Fixieren kann die Dose geöffnet und der Film dem Licht ausgesetzt werden. Das Abspulen des Filmes, um festzustellen, wie er geworden ist, sollte man jetzt noch unterlassen, da die Gefahr der Verschrammung, besonders beim Wiederaufwickeln, der aufgeweichten Schicht des Filmes sehr groß ist. Es ist wohl manchmal schwer, aber grundsätzlich zweckmäßig, seine Neugier bis zum Trocknen des Filmes zu bezähmen. Gewässert muß unbedingt bei geschlossener Dose werden, da sonst der Wasserdurchlauf nicht ausreichend ist (s. Zeichnung).

Nach dem Wässern wird der Film aus der Spule genommen. Dieses, wie allgemein die Behandlung des feuchten Filmes, muß mit allergrößter Vorsicht geschehen, da sich gerade auf Kleinbildfilmen die geringsten Beschädigungen unangenehm auswirken. An den Filmenden werden Klammern befestigt und der Film hieran zum Trocknen in einen staubarmen Raum oder in den Trockenschrank aufgehängt. Auch der Film muß zum schnelleren Trocknen und zur Vermeidung von Tropfenrückständen abgeledert werden. Das weiche Ledertuch muß selbstverständlich ganz sauber sein und darf für andere Zwecke nicht benutzt werden, damit beim Abledern keine Schrammen entstehen. Kommt es einmal darauf an, sein Negativ schnell zu trocknen, wende man am zweckmäßigsten die Schnelltrockenmethoden mit Spiritus an. Das Negativ wird nach dem Wässern beiderseits abgeledert (dadurch wird schon viel Feuchtigkeit entzogen) und ca. 3—5 min in reinen unverdünnten Spiritus gelegt. Anschließend wird das Negativ in der Luft etwas gewedelt und ist in 1—2 min trocken.

Zu dieser Schnelltrockenmethode wird aber nur in äußerst dringenden Fällen geraten, außerdem muß darauf geachtet werden, daß das Negativ sehr gut fixiert und gewässert wird, da die Schicht sonst milchig-trüb wird und das Negativ unbrauchbar macht.

Fertig entwickelte Negative beschriftet man und tascht sie gleich ein, damit sie keinen Beschädigungsgefahren ausgesetzt sind. Platten können ohne weiteres

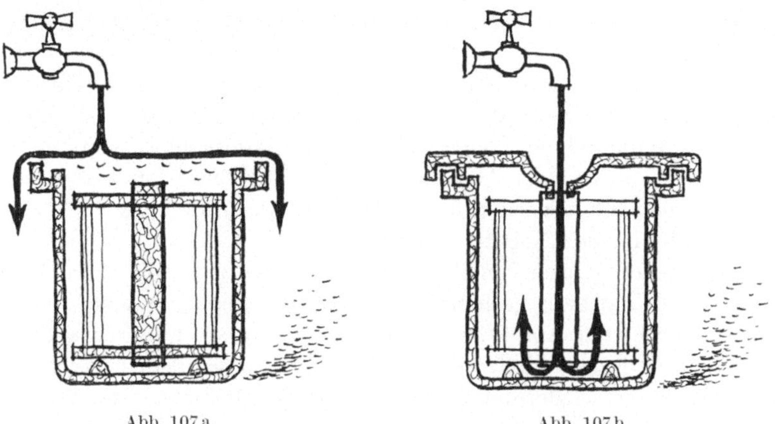

Abb. 107a.   Abb. 107b.

Abb. 107a u.b. Darstellung der falschen und richtigen Wässerung bei der Dosenentwicklung. a) Bei geöffneter Dose ist die Wasserdurchspülung nicht ausreichend. Das meiste Wasser wird durch die Spulenwand zurückgehalten und läuft gleich wieder aus der Dose aus. b) Erst bei geschlossenem Deckel ist durch richtige Durchspülung eine ausreichende Wässerung gewährleistet.

bei gewöhnlicher Betrachtung beurteilt werden; Filme dagegen lassen sich in Lupen- oder Projektionsleuchtkästen besser auf Schärfe, Auflösungsvermögen u. dgl. kontrollieren.

6. Ausgleichende Arbeiten am Negativ.

Gelegentlich zeigen Negative derartige Kontraste, daß diese irgendwie gemildert werden müssen. Dieses Ausgleichen wird hauptsächlich während des Positivverfahrens vorgenommen. Werden die Negative kopiert, wo wenig Ausgleichsmöglichkeiten bestehen oder sollen Serienabzüge bzw. Vergrößerungen hergestellt werden, wobei das Positiv-Ausgleichsverfahren nicht gleichmäßig genug arbeitet, muß das Negativ vor dem Positivprozeß auf ganz bestimmte Weise behandelt werden. Sind z. B. die Schatten auf einer Aufnahme zu stark geworden oder ist der Unterschied zwischen Licht und Schatten zu kontrastreich, können die Schattenpartien, die auf dem Negativ wenig gedeckt, also durchsichtig sind, überlegt werden. Hierzu verwendet man den roten Farbstoff „Neu Coccin", der mit einem feinen Pinsel auf die zu dämpfende Stelle gebracht wird. Zu diesem Abdecken, zur Beurteilung der Farbstoffmenge gehört schon einige Erfahrung, so daß man dieses Verfahren auf Ausschußnegativen erst einmal ausprobieren sollte. Wenn übrigens etwas zu viel Farbstoff auf eine Stelle gekommen sein sollte, läßt sich dieser durch Auswässern sehr leicht wieder entfernen.

Ein anderes Verfahren ermöglicht es, zu dichte Stellen auszugleichen. Diese Negativteile müssen abgeschwächt werden. Für diesen Prozeß nimmt man FARMERschen Abschwächer, der in folgender Weise angesetzt wird:

Lösung A: auf 100 cm³ Wasser
5 g   rotes Blutlaugensalz
Lösung B: auf 500 cm³ Wasser
25 g   Natriumthiosulfat

Zum Abschwächen von Negativen mischt man 1 Teil der Lösung A mit 5 Teilen der Lösung B.

In gebrauchsfertigem Zustand ist die Lösung nur kurze Zeit haltbar, die beiden Einzellösungen sind dagegen getrennt in dunklen Flaschen aufbewahrt unbegrenzt haltbar.

Zum Abschwächen nimmt man einen kleinen Wattebausch, taucht diesen in die Lösung und geht damit über die abzuschwächende Stelle des Negativs. Anschließend muß die Schicht gleich abgespült und kontrolliert werden. Wichtig ist, daß man nur kurze Zeit Abschwächer auf die Emulsion bringt und den Vorgang lieber mehrmals wiederholt, damit die Abschwächung nicht zu stark wird. Andernfalls ist das Negativ verdorben.

Das Abschwächen ganzer Negative bei Überbelichtung sollte man nur dann durchführen, wenn mit ganz geringer Abschwächung Erfolg erzielt werden kann, da das Korn durch den Abschwächer stark sichtbar wird und das Bild leicht „ausgefressene" Konturen erhält. Ist die Überbelichtung zu stark, sollte man also immer die Aufnahme wiederholen. Eine zweite Möglichkeit zum Abschwächen bietet die Behandlung des Negativs mit einer sehr feinen Putzpomade (wie z. B. Globus-Putzpomade). Es mag vielleicht sehr unfachmännisch erscheinen, ein derartiges Mittel für photographische Zwecke zu verwenden, doch hat die Praxis gezeigt, daß es hervorragend geeignet ist. Die Putzpomade wird mit einem Wattebausch auf der trockenen Emulsion verrieben. Durch diesen Vorgang wird die Schicht ganz fein abgehobelt. Die Pomade ist so fein, daß sie keine Kratzerspuren hinterläßt. Diese Methode, die auch zur Abschwächung kleiner Details angewandt werden kann, hat den großen Vorteil, die Feinkörnigkeit des Negativs zu erhalten.

In diesem Kapitel waren die wichtigsten Arbeiten des Negativverfahrens beschrieben. Auf den ersten Anhieb werden noch nicht alle Handgriffe klappen, doch wird man sehr schnell mit diesen Arbeiten vertraut, so daß sie nach kurzer Zeit gar nicht mehr so schwierig erscheinen. Ausschlaggebend ist grundsätzlich der Hang zur Vereinfachung der Arbeit. Je unkomplizierter ein Verfahren ist, um so weniger Fehlerquellen birgt es und um so mehr konstant arbeitend ist es. Jedes komplizierte Verfahren erfordert dagegen lange Erprobung, Materialausschuß und viel Zeit.

7. Beachtenswertes zur Farbphotographie.

Für die Farbphotographie sind einige besondere Aufnahmemerkmale zu beachten, die an dieser Stelle näher erörtert werden sollen.

Von den beiden heute bekanntesten Farbmethoden soll hier nur das Umkehrverfahren erwähnt werden. Das Negativ-Positiv-Verfahren ist in seiner Ausarbeitung zu kompliziert und kann im Rahmen dieses Buches nicht hinreichend erläutert werden.

Mit dem Umkehrverfahren dagegen können bei Beachtung der nachfolgenden Ratschläge ohne weiteres gute Ergebnisse erzielt werden. Als einzigen Nachteil dieses Verfahrens kann man bezeichnen, daß man nur ein Bild bzw. ein Diapositiv erhält. Vervielfältigungsmöglichkeiten bestehen nur über die üblichen Druckverfahren oder das Duxochromverfahren, das jedoch außerordentlich teuer ist. Zur Betrachtung des Bildes ist man also immer auf die Projektion desselben angewiesen.

Der Umkehrfilm wird in zwei Ausführungen, also Tageslicht- und Kunstlichtfilm geliefert. Die Tageslichtemulsion wird für Außenaufnahmen benutzt sowie für Aufnahmen mit Blitz- oder Bogenlampenlicht. Die Kunstlichtemulsion ist dagegen ganz auf die Farbtemperatur der Nitraphotlampen abgestimmt. Verwendet man nicht den richtigen Film zur entsprechenden Beleuchtung, wird das Bild „farbstichig". Die Agfa bringt für ihre Filme folgende Ausgleichsfilter heraus, mit denen man den Spektralgehalt des Lichtes entgegengesetzten Farbemulsionen anpassen kann:

1. *Für Kunstlichtfilm:*
bei Bogenlicht — Agfa K 27 (violett) Verl.-Fakt. 1—2;
bei Vacublitz — Agfa K 32 (Hellgelb) Verl.-Fakt. 1,5.
Das Filter K 32 zeigt auch bei Nitraphotlicht S und K gute Ergebnisse.
2. *Für Tageslichtfilm:*
bei Nitraphotlicht — Agfa K 69 (blau) Verl.-Fakt. 5—6.

Bei sehr umfangreichen und vielseitigen farbphotographischen Arbeiten ist es zweckmäßig, das Licht mit einem Farbtemperaturmesser auszutesten und dieses mit Spezialfiltern jeweils auf die Farbtemperatur des verwandten Filmes zu bringen, denn kleine Abweichungen zeigt fast jedes Licht. Hierdurch wird weitgehend die Gefahr falscher Farbwiedergabe beseitigt.

Bei der Ausleuchtung der Objekte für die Farbphotographie ist es zweckmäßig. starke Licht- und Schattenkontraste zu vermeiden, denn im Farbbild wirken natürlich hauptsächlich die Farben. Dagegen soll man auch nicht ganz auf die Schatten verzichten, sie müssen nur noch stärker als in der Schwarz-Weiß-Photographie aufgehellt werden.

Weiterhin ist es vorteilhaft, sein Bild in der ganzen Tiefe scharf zu bekommen. Im Gegensatz zur Schwarz-Weiß-Photographie, wo geringe Unschärfen im Hintergrund oft sehr wirkungsvoll sind, müssen Farbaufnahmen eine durchgehende Schärfe zeigen, da sich andernfalls in den unscharfen Bildteilen Farbverschiebungen und Farbsäume bilden können.

Weiterhin ist es wichtig, auf Farbreflexion zu achten. Große leuchtende Farbflächen reflektieren bei hellem Licht ihre Farbe sehr stark und führen dadurch zur Farbstichigkeit. Nimmt man z. B. eine weiße Blüte bei kräftig blauem Himmel auf. wird das Blau auf das Objekt reflektiert, so daß man eine völlig falsche Farbwiedergabe der Blüte bekommt. Solche Aufnahmen sind besser bei leicht bedecktem Himmel herzustellen oder das Objekt zum Himmel zu mit einem Stück Gaze oder Seidenpapier abzuschirmen. Auch bei Kunstlicht muß darauf geachtet werden, daß keine stark farbreflektierenden Gegenstände in der Nähe sind.

Eine große Schwierigkeit in der Farbphotographie bedeutet der außerordentlich geringe Belichtungsspielraum des Filmes. Schon die unterschiedlichen

Empfindlichkeiten bei verschieden starkem Licht führen oft zu Fehlergebnissen. So ist z. B. die angegebene Empfindlichkeit von 15/10° DIN Tageslichtfilmen nur bei absolut hellem Sonnenlicht zu werten. Bei stark bewölktem Himmel sowie im Schatten verringert sich die Empfindlichkeit bis auf 13/10° DIN. Zur Ermittlung der richtigen Belichtungszeiten sollte man sich immer des elektrischen Belichtungsmessers bedienen, wenn auch dieser für die Farbphotographie noch keine 100%igen Ergebnisse erzielt, aber immerhin doch schon recht nahe Annäherungswerte bringt. Wegen des außerordentlich geringen Belichtungsspielraumes des Farbfilmes sollte man grundsätzlich drei Aufnahmen machen mit jeweils einer halben Blende oder einer halben Belichtungzeitstufe Unterschied. Die erste Aufnahme macht man mit dem durch den Belichtungsmesser ermittelten Wert, die zweite mit einer $^{1}/_{2}$—1 Blende größer und die dritte mit $^{1}/_{2}$—1 Blende kleiner. In gleicher Weise kann man auch mit den Belichtungszeiten variieren. Bei falscher Belichtung wird das Bild nicht nur heller oder dunkler, sondern es zeigt auch falsche Farben. Die Merkmale sind: für Unterbelichtung dunkles Bild mit Rotstichigkeit, für Überbelichtung helles, flaues Bild mit Blaustichigkeit.

Diese Belichtungsschwierigkeiten machen sich natürlich bei dem stark schwankenden Tageslicht besonders bemerkbar. Bei dem ja meist konstanten Kunstlicht kommt man bei einiger Erfahrung schon mit 1—2 Belichtungszeiten aus.

Die Umkehrfilme können nicht selbst entwickelt werden, sie müssen in besondere Umkehrlabors der Herstellerfirmen eingesandt werden. Der Entwicklungspreis ist bereits im Kaufpreis des Filmes enthalten.

Selbstverständlich lassen sich von einem Umkehrfarbfilm auch Schwarz-Weiß-Vergrößerungen herstellen, doch ist der Vorgang etwas umständlich, denn es muß zunächst im Kopier- oder besser im Vergrößerungsverfahren ein Negativ angefertigt werden, von dem dann beliebig viel Schwarz-Weiß-Abzüge gemacht werden können.

Die Farbphotographie steckt praktisch immer noch in den Anfangsgründen, obwohl sich, zumal mit dem Umkehrfilm, schon recht gute Ergebnisse erzielen lassen. Die Photoindustrie hat in der Weiterentwicklung des Farbverfahrens noch ein reichhaltiges Aufgabengebiet, insbesondere bezüglich des Belichtungsspielraumes und der Vervielfältigungsmöglichkeit.

VII. Das Positivmaterial und seine Verarbeitung.

Wenn im vorigen Kapitel empfohlen wurde, die Negativentwicklung selbst durchzuführen, geschah es aus den Erfahrungen der Praxis heraus. Wichtig ist die eigene Negativentwicklung schon, um schnell das Ergebnis der Aufnahmen sehen und gegebenenfalls mißlungene Aufnahmen wiederholen zu können. Andererseits ist es oft für einen Photohändler nicht leicht, sich unter dem Photographierten etwas vorzustellen und das Wesentliche zu erkennen, da ihm die Materie fremd sein muß. In den meisten Fällen erfolgt die Bearbeitung mit den täglich, in der Saisonzeit oft zu Hunderten anfallenden Filmen gemeinsam, was aus Zeitgründen auch gar nicht anders zu machen ist. Die Entwicklung der wissenschaftlichen Aufnahmen bedarf aber einer besonderen Sorgfalt und gelegentlich auch einer speziellen Behandlung. Hat man dagegen ein einwandfreies, normales Negativ, kann man mit diesem getrost zu seinem Photohändler gehen und sich die entsprechenden Abzüge und Vergrößerungen anfertigen lassen. Von einem normalen, guten Negativ lassen sich grundsätzlich einwandfreie Positive herstellen, auch wenn der Bearbeiter nicht mit der Materie des Aufgenommenen vertraut ist. Kleine Hinweise an Hand des Negatives geben dem Photohändler die Möglichkeit, auf Besonderheiten zu achten und einzugehen.

Für Forschungsinstitute und Industriewerke rentiert sich jedoch in den meisten Fällen die Einrichtung eines eigenen Photolabors, da neben der Makrophotographie auch viele andere Gebiete der Photographie (Mikrophoto, Werkphoto, Werbephoto, Vervielfältigung, Lichtpausen) bearbeitet werden und somit arbeitsmäßig ein Photolabor ausgelastet wäre. Außerdem ist bei größerem Arbeitsanfall die Rentabilität in materieller Hinsicht viel größer, wenn die Arbeiten im eigenen Labor durchgeführt werden.

1. Einrichtung einer einfachen Dunkelkammer.

Wenn es sich nicht um ein Großlabor im Rahmen einer Bildstelle handelt, kann man schon mit einigermaßen geringen Mitteln eine Dunkelkammer einrichten. Vorteilhaft ist auf jeden Fall die Trennung der Negativ- und Positiv-Dunkelkammer, um Störungen durch Filmeinlegen und Negativentwicklung, wobei mit dunklem bzw. ohne Licht gearbeitet werden muß, zu vermeiden. Als Negativ-Dunkelkammer genügt ein kleiner Raum, in dem nur zwei Tische zu stehen brauchen. Auf dem einen Tisch wird die Entwicklung vorgenommen. Hier stehen also Schalen, Tanks, Bäder u. dgl. Über dem Tisch hängt an der Wand eine Dunkelkammerlampe mit den entsprechenden Negativfiltern. Der zweite Tisch, der im rechten Winkel oder am besten gegenübersteht, wird zum

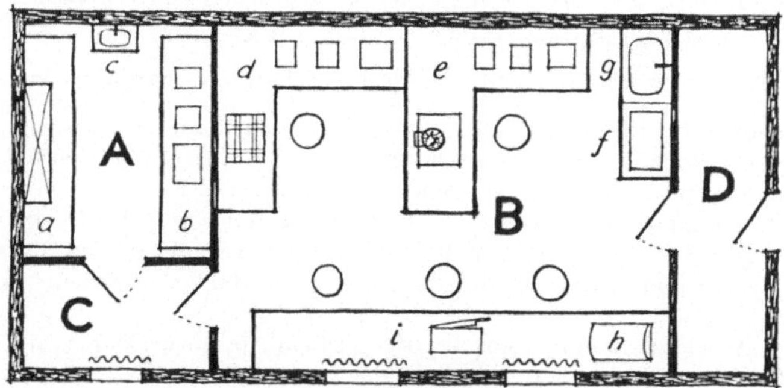

Abb. 108. Grundriß einer zweckmäßigen Dunkelkammereinrichtung: A Negativdunkelkammer. B Positiv-dunkelkammer. C und D Lichtschleusen. a) Trockentisch zum Ein- und Auslegen des Negativmaterials. b) Entwicklungstisch zum Entwickeln der Negative. c) Wässerung. d) Kopiertisch mit Kopiergerät und nebenstehender Entwicklung. e) Vergrößerungstisch mit Vergrößerungsgerät und nebenstehender Entwicklung. f) Fixierung. g) Wässerung. h) Trocknung. i) Trockentisch zum Beschneiden, Sortieren, Ausflecken des Positivmaterials.

Einlegen der Negative gebraucht. Dieser Tisch muß selbstverständlich frei von Chemikalien und Feuchtigkeit sein. Das Vorhandensein einer Wässerungsmöglichkeit in der Negativ-Dunkelkammer ist angenehm, wenn auch nicht unbedingt erforderlich, da die Wässerung auch in der Positiv-Dunkelkammer durchgeführt werden kann.

Die notwendigsten Gegenstände der Negativ-Dunkelkammer sind:

2 mittelgroße Tische, davon einer mit einer Kachelplatte oder mit einer großen flachrandigen Schale (als Entwicklungstisch).

3 Schalen für die Plattenentwicklung, davon 2 Stück 13 × 18 cm oder 18 × 24 cm als Entwicklungs- und Zwischenbadschalen und eine im Format 24 × 30 oder 30 × 40 cm mit höherem Rand als Fixierschale — gegebenenfalls, wenn keine andere Möglichkeit vorhanden, eine 4. Schale zum Wässern. Bei großem Arbeitsanfall empfiehlt es sich, statt Schalen Entwicklungströge mit einsetzbaren Plattenkörben zu verwenden.

2 Dunkelkammerlampen mit auswechselbaren Filtern (Agfa Nr. 107 für Ortho-Material, Agfa Nr. 108 für Pan-Material).

1 Regal über dem Entwicklungstisch zur Aufbewahrung der Flaschen.

3—4 braune Laborflaschen (1—5 Liter) mit Glas- oder Gummistöpsel für die gebrauchsfertigen Bäder. (Chemikalien werden besser außerhalb des Labors aufbewahrt.)

1 Deckel für die Fixiernatronschale zur Verhütung von Verschmutzung sowie zur Möglichkeit, zwischenzeitlich in der Dunkelkammer Licht zu machen.

2 Trichter.

1 Thermometer.

1 Mensur 50 cm³.

1 Mensur 500 cm³.

Heizplatte für Schalen (nur erforderlich in schlecht temperierten Räumen).

3—4 Trockenständer für Platten.

1 guter Lederlappen zum Abledern der Negative.

1 Wandschränkchen zur Aufbewahrung des Negativmaterials.

Für die Filmentwicklung werden statt sämtlicher Schalen je nach Arbeitsanfall benötigt:

2—3 Entwicklungsdosen, davon 1 evtl. verstellbar für verschiedene Filmformate.

4 Paar Filmklammern.

Die apparative Einrichtung des Positivlabors hängt entscheidend von den vorkommenden Negativformaten ab. Aus diesem Grunde ist die Beschreibung der Vergrößerungsgeräte am Ende dieses Kapitels besonders aufgeführt.

Als Positivlabor ist es vorteilhaft, einen Raum mit hellgekachelten Wänden zu wählen. Völlig unzweckmäßig dagegen sind dunkle oder gar schwarze Wände.

Für die allgemeine Einrichtung der Positiv-Dunkelkammer werden benötigt:

Mehrere Labortische, je nach Einrichtungsart der Dunkelkammer (s. Grundrißzeichnung). Die Tische sollten gekachelt, zum mindesten aber mit großen flachrandigen Schalen versehen sein, um sie besser sauber halten zu können.

1 Dunkelkammerlampe je Arbeitsplatz an der Wand oder von der Decke herabhängend mit Positivfiltern. Die grünen Filter sind den Orangefiltern vorzuziehen, da sie ein für die Augen angenehmeres und ermüdungsfreieres Licht geben und eine bessere Beurteilung des Bildes zulassen.

3 Schalen je Arbeitsplatz in den Größen 18 × 24 cm für Entwickler- und Zwischenbäder.

1 Schale 40 × 50 cm mit hohem Rand für das Fixierbad.

Mehrere Papierzangen.

1 Regal zur Aufnahme der Flaschen.

Diverse braune Flaschen mit Glas- oder Gummistöpsel in den verschiedensten Größen zur Aufnahme der gebrauchsfertigen Bäder.

Mensuren verschiedener Größen.

1 Chemikalienwaage.

1 Papieraufbewahrungsschrank je Arbeitsplatz (absolut lichtdicht).

1 Wässerungsanlage. Wässerungstrommeln sind Becken vorzuziehen, da in diesen der Durchfluß des Wassers und die Bewegung der Bilder besser sind.

1 großer Arbeitstisch zum Trocknen, Schneiden und Sortieren der Bilder.

1 Trockenheizpresse, Chromfolien und Abquetschvorrichtung.

2 Papierschneidemaschinen mit den Schneideflächen 14 cm und 30 cm.

Die apparativen Einrichtungen richten sich nach den jeweils vorkommenden Formaten.

Für die Kleinbildphotographie wird ein Vergrößerungsgerät benötigt. Zweckmäßig sind solche mit automatischer Scharfeinstellung, da sie die Arbeit bedeutend erleichtern. Gerade bei den Kleinbildvergrößerungsgeräten muß auf gute Optik besonderer Wert gelegt werden. Das hervorragende Auflösungsvermögen der modernen Aufnahmeobjektive darf natürlich nicht beim Vergrößerungsverfahren zunichte gemacht werden, was aber unweigerlich bei einfachen, billigen Vergrößerungsobjektiven der Fall ist. Weiterhin werden für die Kleinbildphotographie Film- und Plattenkopiergeräte zur Herstellung von Diapositiven benötigt.

Für großformatige Negative wird ein Kopierapparat mit einer ausnutzbaren Lichtfläche von 13 × 18 oder 18 × 24 cm gebraucht, außerdem ein Vergrößerungsapparat für die Negativformate 6 × 9 bis 9 × 12 cm. Zweckmäßig ist ein Vergrößerungsapparat mit Balgenauszug, der Abbildungsmaßstäbe von 1:1 und kleiner zuläßt, um gegebenenfalls von großformatigen Negativen Kleinbildpositive herstellen zu können.

Grundsätzlich soll man bei der Anschaffung derartiger Geräte nicht allzu sparsam mit den Anschaffungsmitteln sein. Die Qualität des Laborgerätes ist entscheidend für die Qualität des Positives.

2. Das Kopierverfahren.

Zum Kopieren werden, wie im vorigen Kapitel schon erwähnt, besondere Kopiergeräte benötigt. Sie setzen sich zusammen aus einem Leuchtkasten, einem

Abb. 109. Kopiergerät und Entwicklungstisch. Der Tisch ist vertieft, mit Blei ausgeschlagen und mit einem Abfluß versehen. Eine der Laborantinnen versucht durch Reiben mit der Hand in unterbelichteten Bildteilen Zeichnung zu erhalten.

Kopierrahmen mit verstellbaren Randmasken für die verschiedenen Negativformate und einer kräftigen Andruckplatte. Vorteilhaft sind Apparaturen mit eingebauter Belichtungsuhr.

Weiterhin wird Kopierpapier, weißglänzend, in den Härtegraden Extra-hart bis Extra-weich gebraucht. Die Härtegrade entsprechen praktisch den Gradationen des Negativmaterials, sind in der Lichtempfindlichkeit aber nicht so stark unterschiedlich. Über die Anwendung der einzelnen Härtegrade gibt nachfolgende Tabelle Aufschluß:

Tabelle 4.

Charakter der Negativ-Gradation	sehr hart	hart	normal	weich	flau
Wahl der Papieremulsion	extra weich	weich	normal spezial	hart	extra hart

Die Wahl der richtigen Papiergradationen hängt also nicht, wie vielfach angenommen wird, von der Dichte der Negative ab, sondern von ihren verschiedenen Härtegraden (also von ihrem Kontrast).

Abb. 110. Hier sieht man das Anlegen der Masken des Kopierapparates an das Negativ, was zu sauberen und glatten Rändern führt. Auf das mit der Schichtseite nach oben liegende Negativ wird anschließend das Positiv mit der Emulsionsseite nach unten gelegt, mit dem Deckel angepreßt und belichtet.

Auch ein dichtes Negativ kann so flau sein, daß es mit hartem oder extrahartem Papier kopiert werden muß, was aber zu wenig guten Ergebnissen führt, da das Bild außerordentlich körnig wird.

Der Vorgang des Kopierens ist folgendermaßen: Man legt das Negativ mit der Schichtseite nach oben auf die Glasseite des Kopiergerätes, in dem eine Orange-Lampe brennt, und deckt die Ränder mit der verstellbaren Metallmaske ab. Dann wird das Kopierpapier mit der Schicht nach unten auf das Negativ gelegt. Negativ und Positiv müssen also Schicht auf Schicht liegen. Nach Schließen der Andruckplatte, mit deren Hilfe man das Papier fest auf das Negativ preßt, wird mit ca. 2—20 sec je nach Dichte des Negatives belichtet. Gegebenenfalls können vorher Belichtungsproben auf kleinen Papierstreifen durchgeführt werden.

Auch die Positivemulsion muß nach der Belichtung zur Sichtbarmachung des Bildes entwickelt, fixiert und gewässert werden. Dieser Vorgang ist im nächsten Kapitel über die Vergrößerungstechnik näher beschrieben. Kopiert werden praktisch nur großformatige Negative. In der Kleinbildphotographie kommt das Kopierverfahren nur bei der Herstellung von Diapositiven zur Anwendung. Hierüber unterrichtet ein Sonderkapitel.

3. Das Vergrößerungsverfahren.

Um Papierbilder, die größer als das Negativformat sein sollen, herzustellen, benötigt man ein Vergrößerungsgerät. Auf einer schweren Grundplatte ist eine Vertikalsäule montiert, die den eigentlichen Vergrößerungsapparat trägt. Dieser Apparat besteht aus einem Leuchtkasten, einer darunterliegenden Kondensorlinse, einer Negativbühne und einem in der Höhe verstellbaren Vergrößerungsobjektiv (Schneckengang oder Balgen). Am zweckmäßigsten sind natürlich Vergrößerungsgeräte, die für die Bearbeitung verschiedener Negativformate eingerichtet sind. Auch in der Vergrößerungstechnik achte man auf die Verwendung von hochwertigen Objektiven, um keine Verminderung des Auflösungsvermögens zu erfahren. Auf der Grundplatte des Vergrößerungsgerätes liegt ein Kopierbrett mit verstellbaren Masken zur Aufnahme des Vergrößerungspapieres verschiedener Formate. Klemmvorrichtungen für dieses Kopierbrett vermeiden ein Verschieben des Brettes während der Arbeit.

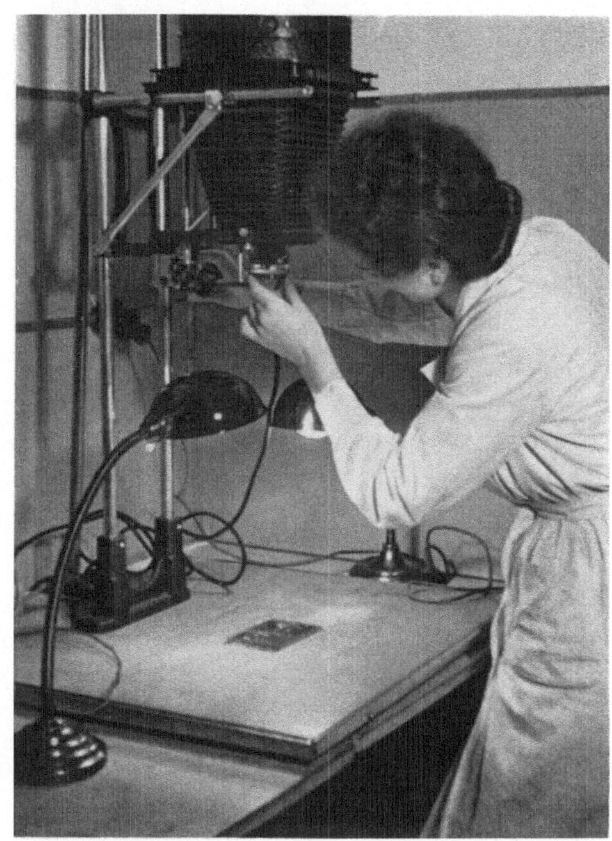

Abb. 111. Mit einem Vergrößerungsgerät lassen sich gegebenenfalls auch Reproduktionen herstellen. Viele Herstellerfirmen geben heute zu ihren Vergrößerungsgeräten spezielle Reprokassetten bei, die statt Negativbühne in den Apparat geschoben werden.

Zum Vergrößern können die im vorigen Kapitel genannten Kopierpapiere wegen ihrer Unempfindlichkeit nicht verwandt werden. Die speziellen Vergrößerungspapiere sind bedeutend lichtempfindlicher. Sie sind wiederum in verschiedene Härtegrade von Extra-hart bis Weich aufgeteilt. Für die Wahl des Papieres gelten dieselben Vorschriften wie sie aus der Tabelle im vorigen Kapitel ersichtlich sind. Hierbei ist zu erwähnen, daß die Papiersorten „Normal" und „Spezial" die besten Gradationen zeigen, also auch die reichhaltigste Tonabstufung besitzen. Da im Positivverfahren grundsätzlich die Zahl der Grauwerte des Negatives etwas reduziert wird, ist es zweckmäßig, sein Negativ so zu halten, daß es mit den Positivhärtegraden Normal und Spezial weiterverarbeitet werden kann, da bei diesen die Gewähr besteht, die beste Tonabstufung zu erhalten.

Der Vorgang zur Herstellung einer Vergrößerung ist folgendermaßen: Das Negativ wird auf die Negativbühne mit der Schicht nach unten gelegt und in die vorgesehene Öffnung geschoben. Nach Einschaltung der Lampe wird auf dem Kopiergerät, dessen Maske auf das gewünschte Format ausgerichtet ist, scharf eingestellt. Dann wird das Licht wieder ausgeschaltet oder vor das Objektiv ein Orangefilter gebracht und das Vergrößerungspapier unter die Maske des Kopierbrettes gelegt. Bei Kopierbrettern ohne Feststellvorrichtung muß darauf geachtet werden, daß bei den weiteren Handhabungen das Brett und die Maske nicht mehr verschoben werden. Auch hier können zur Ermittlung der richtigen Belichtungszeit Probebelichtungen auf Papierstreifen durchgeführt werden.

Die Entwicklung des Positivpapieres erfolgt in ähnlicher Weise wie die Negativentwicklung von Platten. Es werden aber grundsätzlich andere Entwickler benötigt. Die meisten Positiventwickler sind auf der Metol-Hydrochinon-Basis aufgebaut und in vielerlei Fabrikaten auf dem Markt zu finden. In ihrer Wirkungsweise unterscheiden sie sich in der Härte ihrer Entwicklungsart und der Tönung des Bildes (blau, braun, schwarz). Keinesfalls sind diese Entwickler für die Negativentwicklung zu verwenden, da das Hydrochinon für die Negativemulsion eine viel zu hart entwickelnde Substanz wäre.

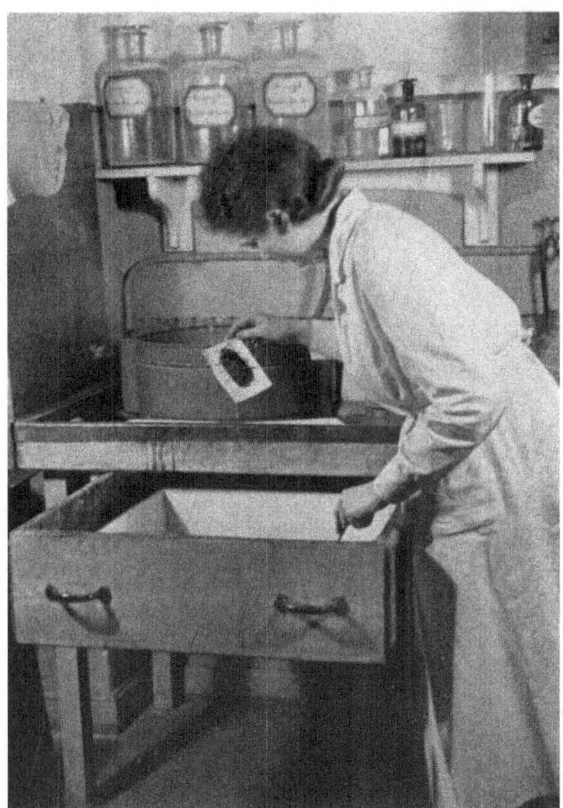

Abb. 112. Sehr praktisch ist eine Fixierschale in Schubladenform. Diese Einrichtung, die sehr platzsparend ist, verhütet ein Verschmutzen des Ansatzes und schützt gleichzeitig davor, daß das Fixiernatron mit anderen Dingen in Berührung kommt. Über dem Fixierbad ist die Wässerung.

Positiventwickler können ohne weiteres selbst angesetzt werden, was natürlich den Vorteil einer größeren Rentabilität hat und die Arbeitsweise des Entwicklers beeinflussen läßt. Nachstehend sei das Rezept für einen vielfältig erprobten normal arbeitenden Entwickler aufgezeichnet:

Auf 1000 cm³ Wasser 25 g Natriumsulfit (sicc.) 37 g Soda (sicc.)
1,5 g Metol 6 g Hydrochinon 1 g Bromkali

Die Entwicklungszeit beträgt bei 18° etwa 2—3 min. Für besonders harte Entwicklungen (Strichreproduktionen) ist ein spezial hart arbeitender Dokumentenentwickler zu empfehlen.

Wie an anderer Stelle bereits erwähnt, verwendet man am zweckmäßigsten bei der Positivherstellung ein grünes Dunkelkammerfilter. Dessen Licht ist gegenüber dem gleichfalls zu verwendenden Orangelicht für die Augen bedeutend angenehmer und läßt eine sichere Beurteilung des Bildes zu. Bei Orangelicht kann

Abb. 113. In der Wässerungstrommel ist unten ein Abfluß, so daß das ausgespülte Fixiernatron dort abfließen kann. Der seitlich eintretende Wasserstrahl hält die Bilder laufend in Bewegung. Dieses ist eine zuverlässige Wässerungseinrichtung.

es sehr leicht passieren, daß Bilder, die man in der Dunkelkammer für ausentwickelt hielt, bei Tageslicht zu hell sind. Diese Beurteilungsfehler kommen bei grünem Licht nicht vor.

Nach der Entwicklung wird das Bild kurz im Wasser abgespült und entweder in ein Unterbrecherbad oder gleich ins Fixierbad gegeben. Das Unterbrecherbad setzt sich zusammen aus einer 5%igen Eisessiglösung und wird bei großem Arbeitsanfall als Zwischenbad zwischen Entwicklung und Fixierung eingeschaltet, um das Fixiernatron nicht durch ständige Übertragung von Entwickler, der nach dem kurzen Abspülen des Bildes noch in der Schicht sitzt, vorzeitig zu verderben. Das Zwischenbad ist also nichts weiter als eine Sammelstelle der Bilder vor dem Fixieren und hat die Eigenschaft, die Entwicklung sofort zu unterbrechen. Zum Fixieren benutzt man folgenden Ansatz:

Auf 1000 cm³ Wasser
250 g   Natriumsulfit
25 g   Kaliummetabisulfit

Dieser Ansatz kann auch als Fixierbad für Negative verwandt werden.

Beim Fixieren ist zu beachten, daß die Bilder ständig bewegt werden, damit laufend frisches Fixiernatron an die Schicht kommt. Liegen die Bilder auf dem

Boden der Schale übereinander, ist keine ausreichende Fixierung gegeben. Der Fixiervorgang sowie das anschließende Wässern muß sehr sorgfältig vorgenommen werden, da hiervon die Haltbarkeit der Bilder entscheidend abhängt. Positive. die nicht gut fixiert und gewässert sind, vergilben nach relativ kurzer Zeit. Die Bilder sollen mindestens 15 min fixieren und dann 30 min unter fließendem Wasser ebenfalls bei ständiger Bewegung wässern. Für den letztgenannten Vorgang gibt es sehr praktische Wässerungstrommeln, welche die Bilder ständig in Bewegung halten und durch ein tiefliegendes Abflußrohr das sich unten absetzende ausgewässerte Fixiernatron abfließen läßt. Wird in einem Becken mit Überlaufrohr oder in einer Schale gewässert, müssen die Bilder während der Gesamtzeit etwa dreimal aus dem Behälter herausgenommen und das Wasser abgelassen werden.

Zum Trocknen werden die Bilder mit Tüchern abgetupft und mit der Schichtseite nach oben in die Heizpresse gelegt. Zur Herstellung einer Hochglanzoberfläche müssen die Bilder mit Hilfe eines Gummirollers mit der Schichtseite nach unten auf eine Chromfolie aufgequetscht und dann ebenfalls in die Heizpresse gebracht werden. Die völlige Trocknung kann man einmal am Feuchtigkeitsgehalt des Spanntuches der Presse erkennen, andererseits macht sich das Abspringen der Bilder von der Chromfolie mit einem leisen Knistern bemerkbar. Es ist unbedingt darauf zu achten, daß die Chromfolie schonend behandelt wird, da sich jeder Kratzer auf der Hochglanzschicht der Bilder bemerkbar macht.

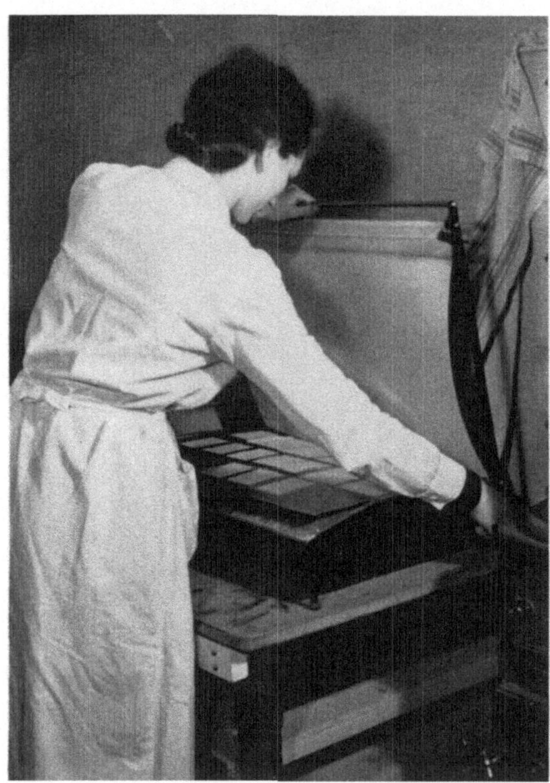

Abb. 114. Zur Erzeugung von Hochglanzoberflächen werden die Bilder mit der nassen Schicht auf eine Chromfolie gequetscht und in einer Heizpresse bis zum Abspringen getrocknet.

Im Kapitel der Negativentwicklung wurde schon einmal auf die Ausgleichsmöglichkeiten eingegangen. Auch im Positivverfahren, speziell bei der Herstellung von Vergrößerungen, sind Möglichkeiten zum Ausgleich zu kontrastreicher Negative gegeben. So kann man während der Belichtung entscheidend in den Strahlengang eingreifen, indem man helle Stellen durch leichtes Abwedeln zurückhält oder dunkle durch Abdecken der anderen Stellen nachbelichtet. Dieser Vorgang erfordert einige Übung. Mit den Fingern bzw. den Händen wird die Form der abzuhaltenden oder nachzubelichtenden Stelle als Schattenbild nachmodelliert. Die Hände müssen dabei stets bewegt werden, damit auf dem Bild keine scharfen Lichtränder entstehen. Grundsätzlich wird auf den normalen Charakter des Negativs belichtet. Sind z. B. einige zu helle Stellen im Negativ, die auf dem Positiv zu dunkel kommen würden, werden diese durch gelegentliches Abwedeln während der normalen Belichtungszeit etwas zurückgehalten. Sind

Abb. 115a.

dagegen zu dunkle Stellen im Negativ, die mit der normalen Belichtungszeit nicht ausreichend durchgezeichnet würden, müssen diese nach der Allgemeinbelichtung nachbelichtet werden. Hierzu deckt man den Strahlengang mit beiden Händen ab und läßt in der Mitte eine kleine Öffnung in der Größe und Form der nachzubelichtenden Stelle.

Abb. 115b.

Abb. 115a u. b. a) Diese Vergrößerung wurde zu kurz belichtet. Die Durchzeichnung in den hellen Bildteilen ist nicht ausreichend. b) Damit der Hintergrund aber nicht zu schwarz wird, muß dieser während der Belichtung durch gelegentliches Abdecken zurückgehalten werden.

Beim Kopieren ist dieses Eingreifen in den Strahlengang natürlich nicht möglich, darum sollte man Abzüge von sehr kontrastreichen und lichtunterschiedlichen Negativen besser über den Vergrößerungsweg arbeiten.

Eine weitere Ausgleichsmöglichkeit besteht bei der Entwicklung. Hat man es z. B. mit einem sehr harten Negativ zu tun, kann man das Positiv, sofern die entsprechende Papiergradation noch nicht ausreicht, im Entwickler nur an-

Abb. 116b.

Abb. 116a.

Abb. 116a u. b. a) Die Normalbelichtung reicht bei dieser Vergrößerung für einige Bildteile nicht mehr aus. b) Hier wurde nach der Allgemeinbelichtung das Bild abgedeckt und nur einzelne Teile nachbelichtet. Erst so kommt es zu einer ausgeglichenen Wiedergabe.

entwickeln und dann in der Wasserschale langsam ausentwickeln lassen. So wie jeder stark verdünnte Entwickler weicher arbeitet, bekommt man auch mit dieser Methode ausgeglichene Ergebnisse.

So gibt es im Positivverfahren noch eine ganze Menge anderer Finessen, hinter die man aber sehr leicht während der Arbeit kommt. Hier sei auch auf die spezielle Photoliteratur, die sich mit der Vergrößerungstechnik befaßt, hingewiesen.

4. Das Diapositivverfahren.

Im Vergleich zum Papierbild zeigt das Diapositiv in der Projektion eine sehr viel größere Leuchtkraft und Brillanz, wodurch die Bilder eine bessere Tiefenwirkung erhalten. Schon die Projektionsgröße läßt das Bild bedeutend wirkungsvoller erscheinen. Die Diapositivherstellung ist dem normalen Positivverfahren sehr ähnlich. Kleinbilddias werden auf Diafilm oder 5 × 5 cm-Diaplatten mit speziellen Kopiergeräten hergestellt. In den größeren Formaten ($8^1/_2 \times 8^1/_2$ cm.

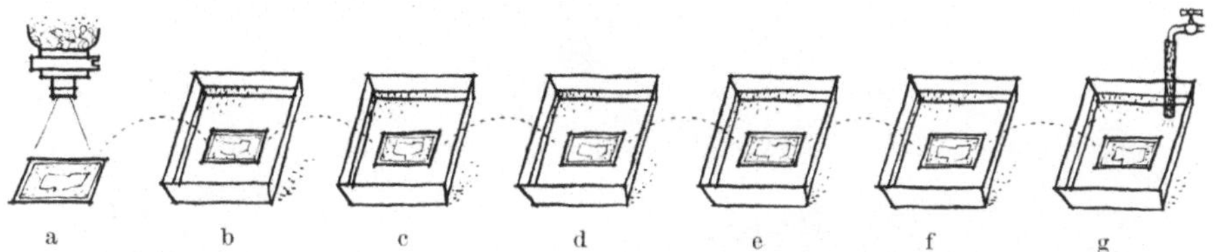

Abb. 117 a—g. Schematische Darstellung der einzelnen Phasen der Diapositiventwicklung. a) Normal belichten. b) Etwas überentwickeln (bis zum leichten Grauschleier). c) Kurzes Abspülen in Wasser. d) Fixierung. e) Klärung in FARMERschem Abschwächer. f) Nachfixierung. g) Wässerung.

$8^1/_2 \times 10$ cm, 9×12 cm) arbeitet man allgemein nur mit Platten, und zwar über Kopier- sowie Vergrößerungsverfahren mit den normalen vorher beschriebenen Geräten.

Eine Schwierigkeit in der Diapositivherstellung bedeutet die geringe Zahl der Härtegrade. Diapositivmaterial gibt es nur in den Abstufungen „hart" und „normal". „Extra hart" ist zwar auch vorhanden, fällt aber für die allgemeine Arbeit aus und ist nur für Strich- und Schriftreproduktionen geeignet. Wo man im normalen Positivverfahren sechs Gradationsstufen zur Verfügung hat, sind im Diapositivverfahren nur zwei. Hier muß ein anderer Ausgleich geschaffen werden. Diesen finden wir in der unterschiedlichen Entwicklungsmöglichkeit. Bei der Diapositivherstellung ist es zweckmäßig, drei verschieden arbeitende Entwickler zu verwenden. In der folgenden Aufstellung sind drei Entwickler (hart, normal, weich) aufgeführt, die sich in der Praxis gut bewährt haben:

Tabelle 5.

	weich arbeitend	normal arbeitend	hart arbeitend
Wasser	1000 cm³	1000 cm³	1000 cm³
Metol	2 g	1,5 g	1 g
Natriumsulfit (sicc.)	30 g	25 g	35 g
Kaliummetabisulfit	5 g	—	—
Hydrochinon	2 g	5 g	8 g
Soda (sicc.)	25 g	30 g	—
Pottasche	—	—	50 g
Bromkali	1 g	2 g	4 g

Die Entwicklung erfolgt bei orthochromatischem Rotlicht, in der gleichen Weise wie die Plattenentwicklung. Ist man sich im Anfang noch nicht klar, welchen der drei Entwickler man wählen soll, entwickele man das Dia zuerst im

normalen Ansatz an und wechsele dann je nach Bildaufbau in einen der anderen
Entwickler über. Das Diapositiv ist ausentwickelt, wenn die Konturen auf der
Rückseite gut durchgezeichnet sind. In der Durchsicht müssen die dunkelsten
Teile gut bedeckt sein. Will man sehr leuchtfähige, brillante Diapositive erhalten,
muß man das Positiv normal belichten, etwas überentwickeln, bis sich ein geringer
Grauschleier bildet, und nach dem Fixieren durch ein Klärbad geben, um den
Grauschleier wieder zu entfernen. Als Klärbad verwendet man FARMERSchen

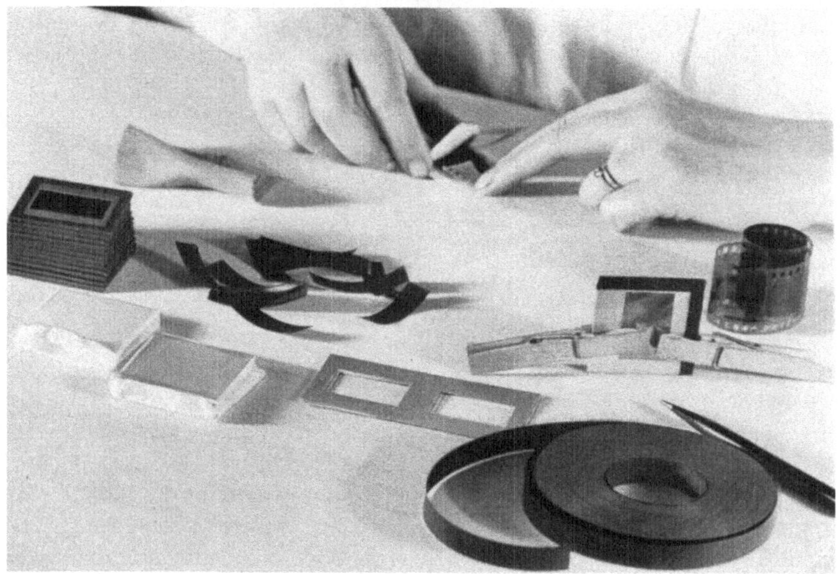

Abb. 118. Die Hilfsmittel zur Diapositiveinfassung. Die Dias werden in Masken eingeklebt, mit zwei geputzten
Deckgläsern eingedeckt und mit schwarzem Klebestreifen eingefaßt.

Abschwächer, wie er bei der Negativabschwächung schon erwähnt wurde, jedoch
etwas stärker verdünnt (1 Teil A auf 6—7 Teile B).

Nach der Fertigstellung wird das Diapositiv mit schwarzen Klebestreifen
abgeklebt oder mit fabrikfertigen Masken abgedeckt und zwischen zwei Glasplatten (bei Diafilm) oder unter einem Deckglas (bei Platten) mit schwarzen
Klebestreifen eingefaßt. Für Kleinbilddias gibt es besondere Rähmchen, die das
Fertigstellen der Dias bedeutend erleichtern und ein Auswechseln der Bilder
erlauben. Nachteilig wirkt sich zwar ein sehr schnelles Verstauben derselben aus.

5. Einiges zum Beschneiden, Ausflecken und Aufziehen der Bilder.

Freilich, es sind nur „Nebenarbeiten“, und doch sind sie wichtig und tragen
entscheidend zum guten Bildeindruck bei. Wenn sich mit den heutigen Kopierrahmen auch ganz gleichmäßige Ränder einstellen lassen, ist es trotzdem immer
noch erforderlich, die Ränder mit einer Schneidemaschine nachzuschneiden.
Auf dem vorliegenden photographischen Gebiet wird man natürlich den schlichten,
glatten Rand vorziehen. Außerdem ist ein feiner, schmaler Rand immer wirkungsvoller als ein breiter. Dieser feine Rand erfordert natürlich mehr Sorgfalt, da sich
kleinste Verkantungen schon besonders stark bemerkbar machen.

Kleine Flecken auf dem Bild lassen sich nicht immer vermeiden. Sie können einmal von Schichtfehlern herrühren oder durch kleinste Staubteilchen, die sich auch beim saubersten Arbeiten immer wieder auf der Schicht absetzen, verursacht werden. Ein Bild mit derartigen Flecken wirkt unschön. Es ist ein leichtes, mit einem feinen, spitzen Haarpinsel (Nr. 2) und etwas Retuschierfarbe diese Flecken zu entfernen. Sollten einmal kleine schwarze Punkte durch Luftblasen in oder an der Negativschicht auf dem Positiv sein, kann man diese mit einem scharfen

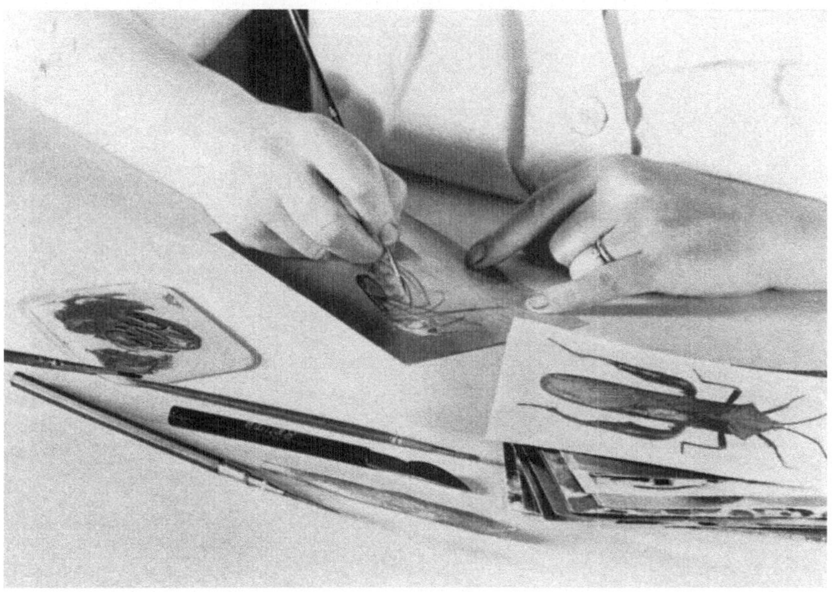

Abb. 119. Die Hilfsmittel zum Ausflecken der Positive. Mit einem feinen Pinsel und schwarzer Farbe werden die hellen Flecken entfernt. Kleine schwarze Punkte werden mit scharfen Schabemessern vorsichtig abgeschabt.

Schabemesser oder der Spitze einer schräg gebrochenen Rasierklinge wegschaben. Das Bild macht nach dieser kleinen Ausfleckarbeit gleich einen ganz anderen Eindruck.

Sind die Papierbilder stark gerollt, kann man sie glatt bekommen, indem man sie auf der Rückseite leicht anfeuchtet und Schicht auf Schicht unter eine Presse bringt. Ist die Wölbung nicht allzu stark, lassen sich die Bilder mit der Rückseite über einer glatten Tischkante glattziehen. Auch das muß geübt sein, damit keine Knicke entstehen.

Sollen die Bilder für Ausstellungszwecke auf Karton aufgezogen werden, empfiehlt es sich, selbstklebende Passepartouts zu verwenden, da diese am leichtesten und saubersten zu handhaben sind. Das Bild wird richtig in den Ausschnitt gerückt und die Maskenseite fest auf die Rückwand aufgepreßt. Soll das Original dagegen auf einem Karton aufgezogen werden, wähle man hierzu Heizklebefolie oder klare Gummilösung, die beide ein gleichmäßiges Kleben der gesamten Bildfläche gewährleisten.

6. Am Rande vermerkt. Kleine Ratschläge zur Gerätepflege, Archivierung u.dgl.

Zur Pflege der Apparaturen. Neben den Hinweisen auf die praktischen Arbeitsmethoden ist es zweckmäßig, auch an die Pflege der photographischen Geräte zu erinnern. Bei allen in der Makrophotographie vorkommenden Apparaturen handelt es sich um Präzisionsgeräte, die einer sorgfältigen Pflege bedürfen. Praktische Kunststoffhauben schützen die unbenutzt stehenden Geräte vor Verstaubung. Außerdem

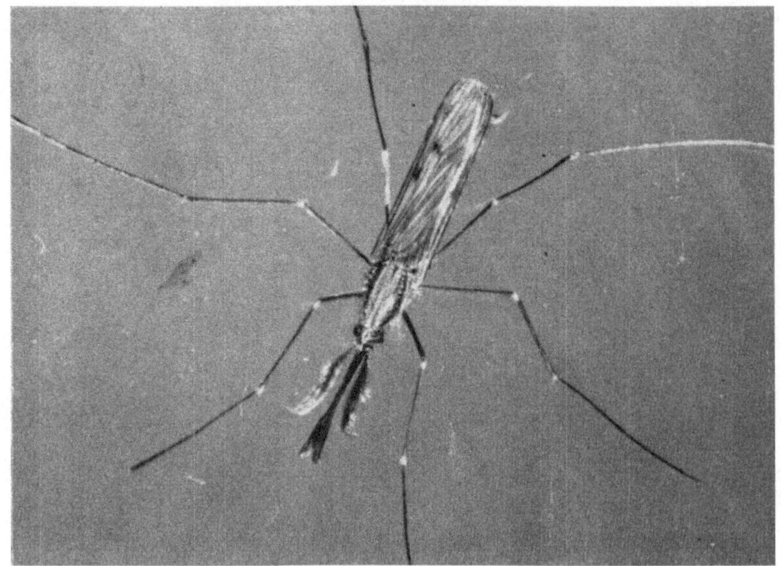

Abb. 120a.

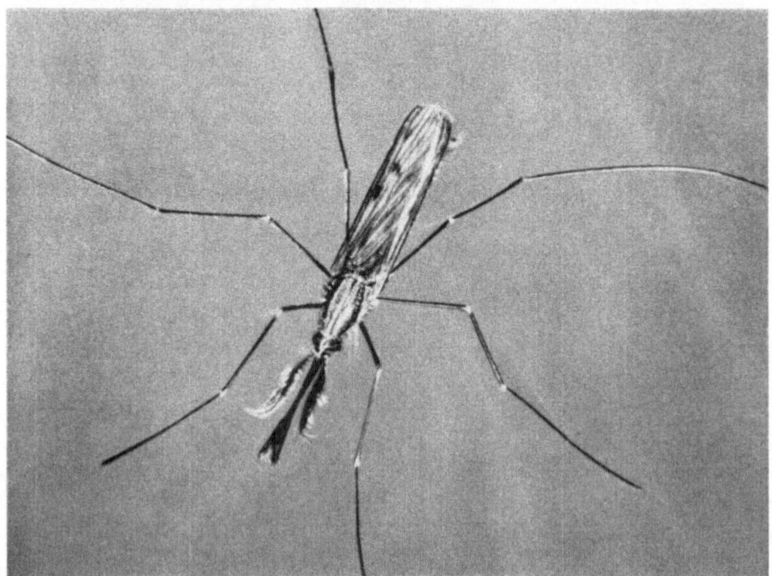

Abb. 120b.

Abb. 120a und b. Das ausgefleckte Bild (b) vermittelt gegenüber dem unausgefleckten (a) einen bedeutend besseren Eindruck. Es wirkt ausgeglichener und ruhiger. (Anopheles.)

sollte man sie in gleichmäßigen Abständen reinigen und durchsehen. Die erforderlichen Hilfsmittel, wie Pinsel verschiedener Stärke, Lederläppchen für die

Optik, Fett für die Triebe und Gleitschienen sind in jedem Laborgeschäft leicht zu beschaffen. Reparaturen sollte man dagegen grundsätzlich nur Fachkräften überlassen, am zweckmäßigsten aber den Reparaturwerkstätten der Herstellerfirmen übergeben. Mit eigenem Basteln kommt man meist nicht weit, es bleibt nur der Ärger über eine nicht mehr hundertprozentig arbeitende Apparatur.

Archivierung der Negative und Positive. Die Anlegung eines übersichtlichen Archives ist für die Auswertung des photographischen Materials von großer

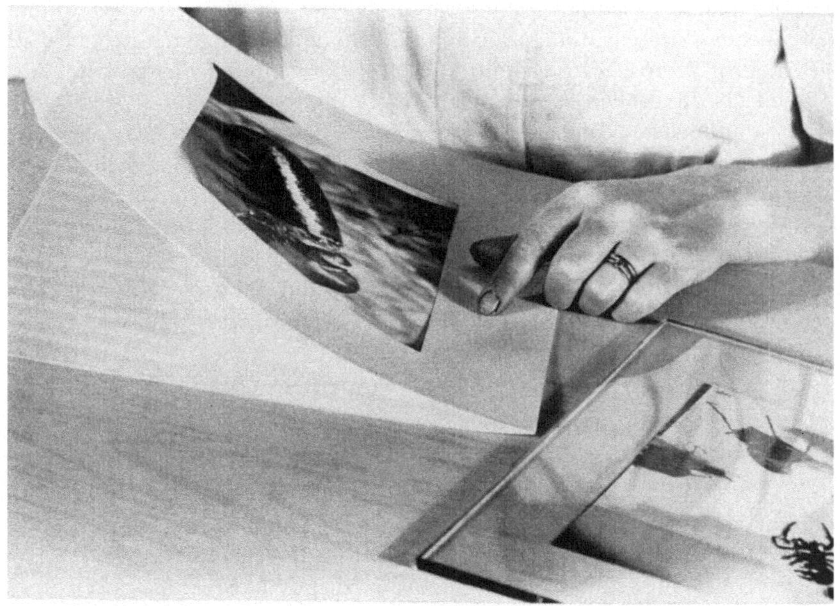

Abb. 121. Sollen die Positive für Ausstellungszwecke aufgezogen werden, empfiehlt sich die Anwendung von selbstklebenden Passepartouts. Sie sind sehr leicht zu handhaben und sind in ihrer Arbeitsweise sehr sauber.

Bedeutung. Je nach Verschiedenheit der Aufnahmegebiete muß die Einordnung einmal nach Sachgebieten, zum anderen nach dem Alphabet geschehen. Am besten hat sich eine Katalogisierung auf Karteikarten bewährt, die ein schnelles Auffinden einer Aufnahme auch nach längerer Zeit ermöglicht. Die Negative werden mit Nummern auf der Schutztasche sowie auf einer Ecke der Schichtseite versehen. Bei Kleinbildfilmen kann man Streifenkopien herstellen und die kleinen Bilder auf die entsprechende Karteikarte kleben. Diese Lösung ist sehr übersichtlich und ideal, wenn sie auch etwas mehr Arbeit erfordert. Ein loses Verpacken von Negativen in Kästen oder Schubfächern führt mit der Zeit zu einer heillosen Unordnung. Außerdem sind die Negative schnell verkratzt und unbrauchbar. Die beste Lösung ist natürlich die Aufbewahrung in dafür vorgesehenen Archivkästen, doch kann man auch hierfür einfachere und billigere Methoden finden. Die Hauptsache ist nur, daß das Negativ gut geschützt ist und sich zu jeder Zeit leicht finden läßt.

Aufnahme-Merkbuch. Oft bewährt sich die Führung eines Aufnahmebuches. Sobald ein neues Aufnahmeproblem auftritt, kann dieses mit kurzen Daten, wie Art des Objektes, Aufnahmetechnik, Lichtquelle, Blende, Belichtungszeit u. dgl. festgehalten werden. Bei schwierigen Aufnahmegebieten, die sich in ähnlicher Form in größeren Zeitabständen wiederholen können, bedeutet dieses Merkbuch eine angenehme Gedächtnisstütze und hilft Material und Zeit sparen. Sind zu Aufnahmen besondere Geräte konstruiert worden, wie Objektauflagetische, Photozellen zur automatischen Auslösung u. a., kann man davon kleine Konstruktionszeichnungen und Abbildungen dem Merkbuch beifügen.

Projektion von Diapositiven. Da heute von der Diaprojektion außerordentlich viel verlangt wird, ist für Institute, Hochschulen u. dgl. eine moderne lichtstarke Projektionsanlage unbedingt erforderlich. Kleine veraltete Geräte können die Wiedergabe des besten Bildes verderben. Die Forderungen, die heute an die modernen Projektionsgeräte gestellt werden, sind: 1. hohe Lichtstärke, die auch die Projektion in großen Räumen zuläßt, 2. gute Kondensor- und Objektivsysteme, um höchste Bildschärfe zu erzielen, 3. absoluter Wärmeschutz zur Schonung des Diapositivmaterials, 4. rein weißes Licht und chromatisch gut korrigierte Objektive zur farbrichtigen Wiedergabe von Farbdias.

Für den Hausgebrauch gibt es sehr gute, einfache Projektionsgeräte, die gleichzeitig in Verbindung mit einem Betrachtungskasten als Lesegeräte für Mikroreproduktionen verwandt werden können und ein angenehmes Hilfsmittel bei der Zusammenstellung von Diaserien für Vorträge sind.

Nachwort zum photographischen Teil.

Zum Abschluß des zweiten Teiles, der sich mit der Verarbeitung des Negativs und Positivs befaßt, soll noch einmal zusammenfassend betont werden, daß man sich vor einer „Verkomplizierung" der photographischen Methoden hüten möge. Das intensive Einarbeiten in wenige Materialsorten und die Inanspruchnahme einfacher Hilfsmittel führen zum sicheren Erfolg, lassen Fehlerquellen vermeiden und verhelfen dazu, schnell und reibungslos zu guten Ergebnissen zu kommen. Gegenüber der künstlerischen Photographie, die heute auf allen möglichen Wegen neue Gestaltungsmittel sucht, ist die wissenschaftlich-technische Photographie an die normalen Arbeitsmethoden gebunden.

So möchte ich zum Schluß meiner Hoffnung Ausdruck geben, daß dieses Buch dem Leser recht viel Anregung gegeben hat und wünsche allen, die sich mit diesem vielseitigen und interessanten Gebiet befassen, recht viel Erfolg bei der Arbeit.

VIII. Objektiv-Tabellen.

1. Aufstellung der speziellen Makroobjektive.

Wie im praktischen Teil bereits ausführlich erwähnt wurde, kommen bei allen vergrößernden Aufnahmen, also im Abbildungsbereich zwischen 1:1 und 30:1, Spezialobjektive zur Anwendung, die in der nachfolgenden Tabelle aufgeführt sind. Für den Nahaufnahmebereich, also bis zum Abbildungsmaßstab 1:1, allerhöchstens 5:1, können alle normalen Photoobjektive verschieden langer Brennweiten benutzt werden. Diese Objektive wurden ihrer Vielzahl wegen in der Aufstellung nicht berücksichtigt. Da von der Güte des optischen Systems grundsätzlich die Bildqualität abhängig ist, entschließe man sich, zumal für den vorliegenden Aufnahmebereich, bei dem es auf äußerste Schärfe und Auflösung ankommt, immer für eine hochwertige Optik.

Tabelle 6. *Verzeichnis der Makro-Objektive.*

Summar (Leitz) f in mm	Milar (Leitz) f in mm	Luminar (Zeiß-Winkel) f in mm	Mikrotar (Zeiß, Jena) f in mm
$f = 120$	—	—	$f = 120$
$f = 100$	$f = 100$	$f = 100$	—
$f = 80$	$f = 80$	$f = 70$	—
$f = 65$	$f = 65$	—	$f = 60$
—	$f = 50$	$f = 50$	—
$f = 42$	$f = 40$	—	$f = 45$
$f = 35$	—	$f = 36$	—
—	$f = 30$	—	$f = 30$
$f = 24$	—	$f = 26$	—
—	$f = 20$	—	$f = 20$
—	—	—	$f = 10$

2. Tabellen der Abbildungsmaßstäbe.

Aus der nachfolgenden Tabelle können für die verschiedenen Objektivbrennweiten die Abbildungsmaßstäbe bei unterschiedlichen Balgenauszügen entnommen werden. Außerdem wurden die ungefähren Objektgrößen angegeben, um für ein bekanntes Objekt schnell und sicher die richtige Objektivwahl treffen zu können. Die Tabellen wurden für die verschiedenen Aufnahmeformate aufgestellt.

Tabelle 7. *Abbildungsmaßstäbe für das Format 9 × 12 cm.*

Abbildungsmaßstab	Objektiv-Brennweite in mm	Balgenauszug in cm	Ungefähre Objektgröße in cm	Abbildungsmaßstab	Objektiv-Brennweite in mm	Balgenauszug in cm	Ungefähre Objektgröße in cm
1:3	120	15	24 × 33		80	66	
					65	54	
1:2	120	17	16 × 22	7,5:1	50	42	1,1 × 1,5
					40	33	
1:1	120	23	8 × 11		30	25	
	100	18,5					
2:1	120	35			65	70	
	100	28	4 × 5,5		50	54	
	80	22		10:1	40	43	0,8 × 1,1
	65	18			30	32	
					20	22	
3:1	120	48					
	100	38			40	63	
	80	30	2,7 × 3,7	15:1	30	47	0,5 × 0,75
	65	24,5			20	32	
	50	19					
4:1	120	60			30	62	0,4 × 0,6
	100	48		20:1	20	42	
	80	38	2 × 2,8				
	65	31		25:1	20	52	0,3 × 0,45
	50	24					
	40	19		30:1	20	62	0,25 × 0,35
5:1	100	58					
	80	46		35:1	20	72	0,2 × 0,3
	65	37,5	1,6 × 2,2				
	50	29					
	40	23					
	30	17,5					

Tabelle 8. *Abbildungsmaßstäbe für das Kleinbildformat.*

Abbildungs-maßstab	Objektiv-Brennweite in mm	Balgen-auszug in cm	Ungefähre Objektgröße in cm
1:5	120	13	12 × 18
1:4	120	14	9,6 × 14,4
	100	11	
1:3	120	15	7,2 × 10,8
	100	12	
	80	9,5	
1:2	120	17	4,8 × 7,2
	100	13,5	
	80	11	
1:1	120	23	2,4 × 3,6
	100	18,5	
	80	14,5	
	65	12	
2:1	120	35	1,2 × 1,8
	100	28	
	80	22	
	65	18	
	50	14	
	40	11	
3:1	120	48	0,8 × 1,2
	100	38	
	80	30	
	65	24,5	
	50	19	
	40	15	
	30	11	

Abbildungs-maßstab	Objektiv-Brennweite in mm	Balgen-auszug in cm	Ungefähre Objektgröße in cm
4:1	120	60	0,6 × 0,9
	100	48	
	80	38	
	65	31	
	50	24	
	40	19	
	30	14,5	
	20	10	
5:1	100	58	0,48 × 0,72
	80	46	
	65	37,5	
	50	29	
	40	23	
	30	17,5	
	20	12	
7,5:1	65	54	0,32 × 0,48
	50	42	
	40	33	
	30	25	
	20	17	
10:1	50	54	0,24 × 0,36
	40	43	
	30	32	
	20	22	
15:1	50	79	0,16 × 0,24
	40	63	
	30	47	
	20	32	
20:1	30	62	0,12 × 0,18
	20	42	
25:1	20	52	0,10 × 0,14
30:1	20	62	0,08 × 0,12

3. Tabellen der Tiefenschärfe.

In den folgenden Tabellen für die Aufnahmeformate 9 × 12 cm und Kleinbild kann man sich über die annähernden Tiefenschärfebereiche in den einzelnen Abbildungsmaßstäben bei zwei der gebräuchlichsten Blendenstellungen orientieren.

Tabelle 9.

1. *Tiefenschärfebereiche bei Makroaufnahmen für das Aufnahmeformat 9 × 12 cm.*

Abbildungs-maßstab	Tiefenschärfe-bereich Blende 8 in mm	Tiefenschärfe-bereich Blende 16 in mm
0,5:1	9,60	19,20
1 :1	3,20	6,40
2 :1	1,20	2,40
5 :1	0,384	0,768
10 :1	0,176	0,352
20 :1	0,084	0,168
30 :1	0,055	0,110

2. *Tiefenschärfebereich bei Makroaufnahmen für das Kleinbildformat.*

Abbildungs-maßstab	Tiefenschärfe-bereich Blende 8 in mm	Tiefenschärfe-bereich Blende 16 in mm
0,15:1	24,78	49,56
0,3 :1	7,00	14,01
0,6 :1	2,11	4,31
1,5 :1	0,539	1,08
3 :1	0,216	0,431
6 :1	0,094	0,189
9 :1	0,060	0,120

4. Einstellungsformeln.

a) Für gelegentliche Maßstabarbeiten ist es erforderlich, daß man die nachstehenden Einstellungsformeln berücksichtigt. So kann man bei einer vergrößernden Abbildung den *Balgenauszug*, der zu einem festliegenden Abbildungsmaßstab führt, errechnen:

Balgenauszug = Brennweite + Brennweite × Vergrößerungsfaktor.

Beispiel: Brennweite = 5 cm

Vergrößerungsfaktor = 8 ×

$5 + (5 \times 8) = 5 + 40 = 45$ cm *(Balgenauszug)*.

b) Der *Vergrößerungsfaktor* einer bestimmten Einstellung kann folgendermaßen ermittelt werden:

$$\frac{\text{Balgenauszug}}{\text{Brennweite}} - 1.$$

Beispiel: Brennweite = 3 cm

Balgenauszug = 42 cm

$\dfrac{42}{3} - 1 = 14 - 1 = 13$ *(Vergrößerungsfaktor)*.

c) Bei Blendenwechsel kann der *Verlängerungsfaktor der Belichtungszeit* mit folgender Berechnung ermittelt werden:

$$\frac{\text{Quadrat der kleinen Blende}}{\text{Quadrat der großen Blende}} \times \text{Belichtungszeit bei großer Blende.}$$

Beispiel: Bei Blende 4 wurde 3 sec belichtet. Es soll nun aber mit Blende 16 gearbeitet werden. Wie hoch verlängert sich die Belichtungszeit?

$\dfrac{16^2}{4^2} \times 3 = \dfrac{256}{16} \times 3 = 16 \times 3 = 48$ sec.

Verständliche Wissenschaft

Naturwissenschaftliche Abteilung

36. Band: Fliegen, Schwimmen, Schweben
Von **Werner Jacobs**, München. Zweite, verbesserte Auflage. 6.—11. Tausend. Mit 97 Abbildungen. VII, 136 Seiten.

37. Band: Kleine Erdbebenkunde
Von **Karl Jung**, Kiel. Zweite, verbesserte Auflage. 6.—11. Tausend. Mit 101 Abbildungen. V, 158 Seiten.

43. Band: Die Wissenschaft von den Sternen
Ein Überblick über Forschungsmethoden und -ergebnisse der Fixsternastronomie. Von **W. Kruse**, Hamburg-Bergedorf. Zweite, verbesserte Auflage. 6.—11. Tausend. Bearbeitet von **W. Dieckvoss**, Hamburg-Bergedorf. Mit 106 Abbildungen. XII, 179 Seiten.

49. Band: Ebbe und Flut des Meeres, der Atmosphäre und der Erdfeste
Von **Albert Defant**, Innsbruck. 1.—6. Tausend. Mit 64 Abbildungen. VII, 119 Seiten.

53. Band: Die Kometen
Von **Karl Wurm**, Hamburg-Bergedorf. 1.—6. Tausend. Mit etwa 77 Abbildungen. Etwa 160 Seiten.

Geisteswissenschaftliche Abteilung

Herausgegeben von Professor D. **Hans Frhr. von Campenhausen**, Heidelberg

50. Band: Musik und Sprache
Das Werden der abendländischen Musik dargestellt an der Vertonung der Messe. Von **Thrasybulos Georgiades**, Heidelberg. 1.—6. Tausend. Mit zahlreichen Notenbeispielen. Etwa 160 Seiten.

51. Band: Entzifferung verschollener Schriften und Sprachen
Von **Johannes Friedrich**, Berlin. 1.—6. Tausend. Mit 73 Abbildungen und einer Kartenskizze. VI, 147 Seiten.

52. Band: Peter der Große
Der Eintritt Rußlands in die Neuzeit. Von **Reinhard Wittram**, Göttingen. 1.—6. Tausend. VII, 151 Seiten.

54. Band: Herrscher im alten Orient
Von **Wolfram Frhr. von Soden**, Göttingen. 1.—6. Tausend. Mit etwa 42 Abbildungen. Etwa 160 Seiten.

Jeder Band Kl.-8°; Ganzleinen DM 7.80